Baurechtliche Schriften
Band 33

Putzier
Der unvermutete Mehraufwand
für die Herstellung des Bauwerks

Leistungspflicht und Vergütung
bei unterbliebener Vertragsanpassung

Rechtsanwälte
Gassner Stockmann & Kollegen
Mohrenstraße 42
10117 Berlin
Telefon 030/2 03 90 7-0

Baurechtliche Schriften

Herausgeber: Prof. H. Korbion und Rechtsanwalt Prof. Dr. H. Locher

Band 33

Der unvermutete Mehraufwand für die Herstellung des Bauwerks

Leistungspflicht und Vergütung bei unterbliebener Vertragsanpassung

Rechtsanwalt Dieter Putzier, Hamburg

Werner Verlag

1. Auflage 1997

Die Deutsche Bibliothek – CIP-Einheitsaufnahme

Putzier, Dieter:
Der unvermutete Mehraufwand für die Herstellung des Bauwerks:
Leistungspflicht und Vergütung bei unterbliebener
Vertragsanpassung / Dieter Putzier. – Düsseldorf :
Werner, 1997
 (Baurechtliche Schriften ; Bd. 33)
 ISBN 3-8041-2964-1
NE: GT

© Werner Verlag GmbH & Co. KG · Düsseldorf · 1997
Printed in Germany
Alle Rechte, auch das der Übersetzung, vorbehalten.
Ohne ausdrückliche Genehmigung des Verlages ist es auch nicht gestattet,
dieses Buch oder Teile daraus auf fotomechanischem Wege (Fotokopie,
Mikrokopie) zu vervielfältigen sowie die Einspeicherung und Verarbeitung
in elektronischen Systemen vorzunehmen.

Zahlenangaben ohne Gewähr

Druck und Verarbeitung: Difo-Druck GmbH, Bamberg
Archiv-Nr.: 1006-2.97
Bestell-Nr.: 3-8041-2964-1

Inhalt

Abkürzungsverzeichnis V
Literaturverzeichnis VII

I Einleitung 1

II Die notwendige Mehrleistung in der Rechtsprechung 5

   1 Einbau zusätzlicher Teile 9
      a) Schwimmbadheizregister, BGH vom 15.5.1975 9
      b) Rinnsteinangleichung, OLG Düsseldorf
         vom 14.11.1991 11
      c) Kellerabdichtung I, BGH vom 22.3.1984 13
      d) Kellerabdichtung II, OLG Düsseldorf vom 19.3.1991 ... 17
      e) Durchgangskühlschrank, OLG Stuttgart vom 9.3.1992 .. 18
      f) Ergebnis 19

   2 Vergrößerung vorgesehener Bauteile 21
      a) Wassergehalt Baugrund Straße, BGH vom 23.3.1972 21
      b) Fundamentverstärkung, OLG Düsseldorf
         vom 17.5.1991 23
      c) Tieferaushub Fernleitung, OLG Düsseldorf
         vom 30.11.1988 23
      d) Tieferaushub Straße, OLG Düsseldorf vom 13.3.1990 ... 25
      e) Ergebnis 26

   3 Zusätzliche Verfahrensleistung 27
      a) Geänderte Wasserhaltung 28
         aa) Wasserhaltung Kanalisation (frivol),
            BGH vom 25.2.1988 29
         bb) Wasserhaltung Polder, BGH vom 9.4.1992 31
         cc) Wasserhaltung Weser, BGH vom 11.11.1993 33
         dd) Ergebnis 34

      b) Geänderte Bearbeitung des Bodens 35
         aa) Wassergehalt Felszerkleinerung,
            BGH vom 20.3.1969 36
         bb) Aushub abweichender Qualität,
            LG Köln vom 8.5.1979 38
         cc) Sandlinse, LG Köln vom 16.11.1982 39
         dd) Schlitzwandgreifer, OLG Stuttgart vom 11.8.1993 .. 40
         ee) Ergebnis 41

c) Sonstige Verfahrensänderungen 42
   aa) Kleinschalung (Universitätsbibliothek),
       BGH vom 25.6.1987 42
   bb) Betonpumpe, OLG Düsseldorf vom 13.12.1991 44
   cc) Spanngarnituren Werratalbrücke,
       BGH vom 23.6.1994 45
   dd) Ergebnis 45

4 Verlängerung der Ausführungszeit 46
   a) Wassergehalt Transportschwierigkeiten,
      BGH vom 20.3.1969 46
   b) Nachbarwiderspruch, OLG Düsseldorf vom 28.4.1987 .. 47
   c) Straßensperrung, OLG Düsseldorf vom 9.5.1990 48
   d) Deponiesperrung, BGH vom 1.10.1991 48
   e) Ergebnis 49

5 Nicht erfüllte Erleichterungserwartungen 50
   a) Baugrubenaushub unverkäuflich, OLG Düsseldorf
      vom 9.5.1990 50
   b) Lärmschutzwall, OLG Düsseldorf vom 4.6.1991 51
   c) Schlammsohle Kanalisationsgraben, OLG Hamm
      vom 17.12.1993 52
   d) Ergebnis 54

III **Die den unterschiedlichen Mehrleistungen gemeinsamen Tatbestandsmerkmale** 55

   1 Die zur erfolgreichen Herstellung des Bauwerks notwendige Abweichung von der Leistungsbeschreibung 55
   2 Die Unmöglichkeit kurzfristiger Klärung der Abweichung .. 59
   3 Ergebnis 62

IV **Die werkvertragliche Leistung und ihre Beschreibung** 63

   1 Die grundsätzliche Erfolgsbezogenheit der werkvertraglichen Leistung 63
   2 Die mangelnde Übereinstimmung der Beschreibung der Leistung mit ihrer Erfolgsbezogenheit 68
   3 Die auftraggeberseitige Planung als Grund der Angaben zur Ausführung 70
   4 Die Leistungsbeschreibung als Preisermittlungsgrundlage ... 76
   5 Ergebnis 79

Inhalt

V Die Auswirkungen der Angaben zum Aufwand auf die vertraglichen Rechte und Pflichten 81

1 Die Aufwandsbezogenheit der Vergütung 81
2 Die Begrenzung des Aufwandsrisikos durch die VOB/C ... 88
   a) Der Inhalt der VOB/C, Allgemeine Technische Vertragsbedingungen (ATV) 89
   b) Die Besonderen Leistungen der Abschnitte 4 92
      aa) Baustelleneinrichtung 93
      bb) Baugelände 96
      cc) Ineinandergreifen verschiedener Gewerke 97
      dd) Ineinandergreifen von Ausführungsplanung des Auftraggebers und darauf aufbauender Werkplanung des Unternehmers 98
      ee) Wetterbedingungen 99
      ff) Der Baugrund 101
   c) Die Merkmale der Besonderen Leistungen 105
   d) Die Einwirkungen der Abschnitte 4 auf den Vertragsinhalt 107
   e) Die VOB/C und das AGB-Gesetz 108
3 Die aufrechterhaltene Erfolgsbezogenheit der Leistung 110
4 Ergebnis 115

VI Die Vergütung des Mehraufwandes 117

1 Vergütung für eine zusätzliche Leistung nach § 2 Nr. 6 VOB/B 117
   a) Im Vertrag nicht vorgesehene Leistung und ihre Anforderung 117
   b) Leistung verstanden im Sinne von Aufwand 119
2 Die Vergütung für eine angeordnete Leistungsänderung nach § 2 Nr. 5 VOB/B 123
   a) Die Änderung der Preisermittlungsgrundlagen als Gegenstand der Regelung des § 2 Nr. 5 VOB/B 123
   b) Die rechtsgeschäftliche oder nur technische Anordnung 124
   c) Die Notwendigkeit, den Vertragsparteien eine vorzeitige rechtsgeschäftliche Festlegung zu ersparen 126
3 Vergütung nicht angeordneten Mehraufwandes nach der VOB 128
   a) Auftraglose Leistung, § 2 Nr. 8 VOB/B 128
   b) Ergänzende Vertragsauslegung auf der Grundlage des § 2 Nr. 5 VOB/B 129
4 Die sinngemäße Anwendung des § 632 Abs. 1 BGB 132
5 Ergebnis 134

VII

VII	Kündigungsmöglichkeit des Bauherrn und Vorleistungsrisiko des Unternehmers 137
	1 Kündigung durch den Bauherrn 137
	2 Das Vorleistungsrisiko des Unternehmers 138
VIII	Ratschläge an die Vertragsparteien 141
	1 Ratschläge an den Bauherrn 141
	2 Ratschläge an den Unternehmer 143
IX	Zusammenfassung 145

Abkürzungsverzeichnis

Abgedr.	Abgedruckt
Abschn.	Abschnitt
AGB	Allgemeine Geschäftsbedingungen
AGBG	Gesetz zur Regelung des Rechts der Allgemeinen Geschäftsbedingungen vom 9.12.1976, BGBl I 3317
Anm.	Anmerkung
ATV	Allgemeine technische Vertragsbedingungen
BauR	Baurecht
BB	Betriebsberater
BBauBl	Bundesbaublatt
Bd.	Band
Betrieb	Der Betrieb
BGB	Bürgerliches Gesetzbuch
BGBl	Bundesgesetzblatt
BGH	Bundesgerichtshof
BGHZ	Entscheidungen des Bundesgerichtshofes in Zivilsachen
cbm	Kubikmeter
c.i.c.	culpa in contrahendo
cm	Zentimeter
DVA	Deutscher Verdingungsausschuß für Bauleistungen
DIN	Deutsche Industrie Norm
Einf.	Einführung
Einl.	Einleitung
ff.	fortfolgende
Fn	Fußnote
FS	Festschrift
HOAI	Honorarordnung für Architekten und Ingenieure
IBR	Immobilien- und Baurecht
JuS	Juristische Schulung
JZ	Juristen-Zeitung
lfd.m	laufende Meter
LG	Landgericht

m	Meter
Mio.	Million/en
MünchKomm	Münchener Kommentar
NJW	Neue Juristische Wochenschrift
NJW-RR	NJW Rechtsprechungsreport Zivilrecht
NN	Normalnull
Nr.	Nummer
OLG	Oberlandesgericht
qm	Quadratmeter
Rdn.	Randnummer
s.	Siehe
Schäfer/Finnern	Rechtsprechung der Bauausführung, Loseblattsammlung
Schäfer/Finnern/Hochstein	Rechtsprechung zum privaten Baurecht, Loseblattsammlung
sog.	sogenannte/n
vgl.	Vergleiche
VOB/A	Verdingungsordnung für Bauleistungen Teil A
VOB/B	Verdingungsordnung für Bauleistungen Teil B
VOB/C	Verdingungsordnung für Bauleistungen Teil C
WM	Zeitschrift für Wirtschafts- und Bankrecht, Wertpapier-Mitteilungen
ZfBR	Zeitschrift für deutsches und internationales Baurecht
Ziff.	Ziffer
zit.	zitiert

Literaturverzeichnis

Bühl, Helmut: Der Kostenzuschußanspruch des Auftragnehmers, in: BauR 1985, 502

v. Craushaar, Götz: Abgrenzungsprobleme im Vergütungsrecht der VOB/B bei Vereinbarung von Einheitspreisen, in: BauR 1984, 311
- derselbe: Die Rechtsprechung zu Problemen des Baugrundes, in: Festschrift für Locher, Düsseldorf 1990, S. 9

Eich, Rainer: Der Leistungsbegriff im Architektenvertrag (ein noch weißer Fleck in der HOAI), in: BauR 1995, 31

Emmerich, Volker: Zur doppelten Zug-um-Zug-Verurteilung bei sog. Sowiesokosten, in: JuS 1984, 808 (Nr.4)

Englert/Grauvogl/Maurer: Handbuch des Baugrund- und Tiefbaurechts, Düsseldorf 1993

Erman, Walter: Handkommentar zum BGB in 2 Bänden, 9. Auflage, 1993 Münster (zit. mit Bearbeiter)

Feber, Andreas: Schadenersatzanspruch bei der Auftragsvergabe nach VOB/A, Baurechtliche Schriften, Band 9, Düsseldorf 1987

Festge, Karsten-Hinrich: Aspekte der unvollständigen Leistungsbeschreibung der VOB, in: BauR 1974, 363

Franz/Goll/Schwarz: Kommentar zur DIN 18 350 und DIN 18 299, Putz- und Stuckarbeiten, 8. Aufl., Wiesbaden/Berlin 1988

Früh, Andreas: Die „Sowieso-Kosten"- eine Fallgruppe des allgemeinen Werkvertragsrechts, Baurechtl. Schriften, Bd. 20, Düsseldorf 1991
- derselbe: Die Kostenbeteiligungspflicht des Bauherrn bei der Mängelbeseitigung unter besonderer Berücksichtigung der sog. „echten Vorteilsausgleichung" (Abzug „neu für alt"), in: BauR 1992, 160

Ganten, Hans: Neue Ansätze im Architektenrecht, in: NJW 1970, 687

Gernhuber, Joachim: Die Erfüllung und ihre Surrogate sowie das Erlöschen der Schuldverhältnisse aus anderen Gründen, Tübingen 1983

Groß, Heinrich: Vorteilsausgleichung im Gewährleistungsrecht, in: Festschrift Korbion 1986, 123

Heiermann/Keskari: Kommentar zur DIN 18 451 und DIN 18 299, Gerüstarbeiten, 2. Aufl., Offenbach 1992

Heiermann/Riedl/Rusam: Handkommentar zur VOB/B, 7. Auflage, Wiesbaden und Berlin 1994

Heinrich, Martin: Die Einwirkung der VOB auf den BGB-Bauvertrag im Bereich des Mängelrechts, in: BauR 1982, 224

Hochstein, Rainer: Zur Systematik der Prüfungs- und Hinweispflichten des Auftragnehmers im VOB-Bauvertrag, in: Festschrift Korbion 1986, 165
Hundertmark, Reiner: Vorteilsausgleich bei der Beseitigung von Baumängeln, in: BBauBl. 1985, 130

Ingenstau/Korbion: VOB Teile A und B, Kommentar, 12. Auflage, Düsseldorf 1993

Jagenburg, Walter: Die Entwicklung des privaten Bauvertragsrechts seit 1992: VOB-Vertrag, in: NJW 1994, 2864
Janisch, Andreas: Haftung für Baumängel und Vorteilsausgleich, Diss., Marburg 1992

Kaiser, Gisbert: Aktuelle Rechtsfragen im privaten Baurecht, in: ZfBR 1985, 1
— derselbe: Mängelhaftungsrecht in Baupraxis und Bauprozeß, 7. Aufl., Heidelberg 1992
Kapellmann/Schiffers: Vergütung, Nachträge und Behinderungsfolgen beim Bauvertrag, Band 1: Einheitspreisvertrag, 2. Auflage, Düsseldorf 1993; (zit. Kapellmann/Schiffers, Bd. 1, Einheitspreisvertrag)
— derselbe: Vergütung, Nachträge und Behinderungsfolgen beim Bauvertrag, Band 2: Pauschalvertrag, 1. Auflage, Düsseldorf 1994 (zit. Kapellmann/Schiffers, Bd. 2, Pauschalvertrag)
Keilholz, Kurt: Baurecht, in: Gutachten und Vorschläge zur Überarbeitung des Schuldrechts, hrsg. vom Bundesministerium der Justiz, Bd. III, S. 247, Meerbusch 1983 (zit. Keilholz, Baurecht)
Kleine-Möller/Merl/Oelmaier: Handbuch des privaten Baurechts, München 1992

Kniffka, Rolf: Änderungen des Bauvertragsrechts im Abschlußbericht der Kommission zur Überarbeitung des Schuldrechts, in: ZfBR 1993, 97
Kutschker, Bettina: Die VOB/B, das AGB-Gesetz und die EG Richtlinie über mißbräuchliche Klauseln in Verbraucherverträgen, in: BauR 1994, 417

Lang, Arno: Bauvertragsrecht im Wandel, in: NJW 1995, 2063
Lampe-Helbig/Wörmann: Handbuch der Bauvergabe, 2. Auflage, München 1995
Locher, Horst: Das private Baurecht, 5. Auflage, München 1993
— derselbe: Die AGB-gesetzliche Kontrolle zusätzlicher Leistungen, in: Festschrift Korbion 1986, 283 (zit. Locher in FS)
Löffelmann/Fleischmann: Architektenrecht, 3. Auflage, Düsseldorf 1995

Mandelkow, Dieter: Qualifizierte Leistungsbeschreibung als wesentliches Element des Bauvertrages, in: BauR 1996, 31

Mantscheff, Jack: Die Bestimmungen der VOB/C und ihre vertragsrechtliche Bedeutung, in: FS für Korbion 1986, 295
Marbach, Michael: Vergütungsansprüche aus Nachträgen – Ihre Geltendmachung und Abwehr, in: ZfBR 1989, 2
Medicus, Dieter: Mängelhaftung trotz Beachtung der anerkannten Regeln der Technik beim Bauvertrag nach der VOB/B?, in: ZfBR 1984, 155
Münchener Kommentar: Kommentar zum BGB, 2. Aufl., München ab 1984 (zit. mit Bearbeiter)

Neuenfeld, Klaus: Überlegungen zu einer Sozialgeschichte der Architekten, in: Festschrift Korbion 1986, 315
Nicklisch, Fritz: Empfiehlt sich eine Neu-Konzeption des Werkvertragsrechts? – unter besonderer Berücksichtigung komplexer Langzeitverträge –, in: JZ 1984, 757
– derselbe: Mitwirkungspflichten des Bestellers beim Werkvertrag, insbesondere beim Bau- und Industrieanlagenvertrag, in: BB 1979, 533
– derselbe: Risikoverteilung im Werkvertragsrecht bei Anweisung des Bestellers, in: Festschrift Bosch 1976, 731
Nicklisch/Weick: VOB Teil B, München 1981

Palandt: Kommentar zum BGB, 54. Auflage, München 1995 (zit. mit Bearbeiter)
Pauly, Holger: Zum Verhältnis von VOB/B und AGBG, in: BauR 1996, 328
Piel, Rudolf: Zur Abgrenzung zwischen Leistungsänderung (§ 1 Nr. 3, 2 Nr. 5 VOB/B) und Behinderung (§ 6 VOB/B), in: Festschrift Korbion 1986, 349
Plikat/Weyer: Neubau-Controlling schneller und billiger, in: Immobilien-Manager 1994, 56
Putzier, Dieter: Die VOB/C, Abschnitte 4, im Vergütungsgefüge der VOB, in: BauR 1993, 399
– derselbe: Nachtragsforderungen infolge unzureichender Beschreibung der Grundwasserverhältnisse. Welche ist die zutreffende Anspruchsgrundlage?, in: BauR 1994, 596

Quack, Friedrich: Baugrundrisiken in der Rechtsprechung des Bundesgerichtshofes, in: BB 1991, Beilage 20, 9

Schelle/Erkelenz: VOB/A – Alltagsfragen und Problemfälle zu Ausschreibung und Vergabe von Bauleistungen, Wiesbaden/Berlin 1983
Siegburg, Peter: Zum AGB-Charakter der VOB/B und deren Privilegierung durch das AGB-Gesetz, in: BauR 1993, 9
Staudinger: Kommentar zum BGB, 12. Aufl. ab 1978 und 13. Aufl. ab 1995, Berlin 1995 (zit. mit Bearbeiter)

Tomic, Alexander: „Sowieso-Kosten" — Mängelbeseitigung bei beschränktem Leistungsumfang, München 1990

Ulmer/Brandner/Hensen: Kommentar zum AGB-Gesetz, 7. Auflage, Köln 1993

Vygen, Klaus: Bauvertragsrecht nach VOB und BGB, 2. Auflage, Wiesbaden/Berlin 1991
— derselbe: Behinderungen des Bauablaufs und ihre Auswirkungen auf den Vergütungsanspruch des Unternehmers, in: BauR 1983, 414
— derselbe: Der Vergütungsanspruch beim Pauschalvertrag, in: BauR 1979, 375
— derselbe: VOB und Leistungsänderung, in: IBR 1992, 349

Vygen/Schubert/Lang: Bauverzögerung und Leistungsänderung, 2. Auflage, Wiesbaden/Berlin 1991

Werner/Pastor: Der Bauprozeß, 7. Auflage, Düsseldorf 1993

Wiegand, Christian: Bauvertragliche Bodenrisikoverteilung im Rechtsvergleich, in: ZfBR 1990, 2

Willoweit, Dietmar: Störungen sekundärer Vertragszwecke, in: JuS 1988, 833

Winkler/Rothe: VOB Gesamtkommentar, 7. Auflage, Braunschweig/Wiesbaden 1990

I Einleitung

Der Vertrag ist die täglich in unendlicher Vielfalt praktizierte Rechtsform, in der wir unsere materiellen Bedürfnisse zu befriedigen suchen. Er wird definiert als die von den Vertragsparteien erklärte Willensübereinstimmung zur Herbeiführung eines rechtlichen Erfolges, in der Regel des Austausches von Leistungen.[1] Der Grundsatz der Vertragsfreiheit überläßt es der Privatautonomie der Parteien, in den Grenzen der gesetzlichen Zulässigkeit den Inhalt der wechselseitigen Leistungen und die Art und Weise ihres Austausches festzulegen. Ist der Vertrag zustande gekommen, sollen sich beide Seiten darauf verlassen können, daß der Vertragspartner seine Leistung ordnungsgemäß erbringt. Wenn das nicht geschieht, kann Klage auf die vertraglich zugesagte Leistung erhoben werden.

Für denjenigen, der nicht selbst säumig ist, birgt eine solche Klage auf Vertragserfüllung ein geringes Prozeßrisiko. Gewinnt er, hat er Zugriff auf das pfändbare Vermögen seines Vertragspartners, um seinen Leistungsanspruch durchzusetzen. Es hilft dem Verkäufer einer Sache nicht, daß sich die Einkaufspreise nach Vertragsschluß erhöht haben, er muß liefern. Es hilft auch dem Werkunternehmer nicht, wenn er sich hinsichtlich der Herstellungskosten verschätzt hat, er muß das fertige Werk zu der vereinbarten Vergütung abliefern. Er trägt das Aufwandsrisiko für seine Leistung. Selbst drohender wirtschaftlicher Ruin entbindet ihn nicht von der Erfüllung der vertraglichen Leistungspflicht.[2]

Dafür soll er sich bei vertragsgemäßer Leistung darauf verlassen können, daß sein Besteller das Werk abnimmt und bezahlt. Es würde dem Besteller nichts helfen, wenn für ihn der Verwendungszweck weggefallen wäre. Der Besteller will sich aber auch sicher sein können, daß es bei dem vereinbarten Preis bleibt, den er für das Werk auszugeben sich entschlossen hat.

Diese Grundregeln erscheinen einfach und klar. Trotzdem gibt es Fälle der folgenden Art, die sie in Frage stellen müssen:

Eine Betriebshalle hat ein undichtes Dach. Der Eigentümer will sie verkaufen und zu diesem Zweck mit möglichst geringem finanziellen Aufwand das Dach in Ordnung bringen. Ein Unternehmer erklärt nach Begehung und Besichtigung, er habe die Dachflächen eingehend untersucht und sei der Mei-

---

1 Vgl. Palandt/Heinrichs, Einf. vor § 145 Rdn. 1.
2 Vgl. im einzelnen Willoweit, JuS 1988, 833, 840.

nung, Flickarbeiten würden keine Gewähr für eine dauerhafte Dichtigkeit bieten. Er schlägt eine „komplette Sanierung", wie er sich ausdrückt, mittels zweier Dachbahnen vor. Er erhält den Auftrag zum Pauschalpreis von DM 700.000,00.

Während der Arbeiten stellt sich heraus, daß wegen des Dachaufbaus und des Zustandes der Unterkonstruktion eine Wärmedämmung und eine andere Abdichtung der in die Dachflächen eingelassenen Glasscheiben erforderlich ist. Die Kosten erhöhen sich dadurch auf DM 2,0 Mio. Der Unternehmer tritt an den Bauherrn heran, schildert ihm die Lage und fordert die Anhebung des Pauschalpreises entsprechend den höheren Kosten. Der Bauherr ist entsetzt, hat er sich doch auf DM 700.000,00 eingestellt. Mehr gibt seine Finanzplanung nicht her. Er pocht auf die Herstellung einer dauerhaften Dichtigkeit zum vereinbarten Preis, wie er sie nach seiner Vertragsauffassung zu beanspruchen meint. Der Bauunternehmer hält ihm entgegen, Vertragsinhalt sei eine Sanierung mittels zweier Lagen. Für die infolge der bauphysikalischen Mängel des Daches jetzt notwendigen Mehraufwendungen könne er nicht verantwortlich gemacht werden. Das sei Sache des Bauherrn.

Beide streiten sich unter dem geöffneten Dach. Offen bleiben kann es nicht, Witterungseinflüsse würden sonst in kurzer Zeit zur vollständigen Zerstörung der Halle führen. Was soll geschehen?

Der Unternehmer fragt nach seiner vertraglichen Leistungspflicht. Beschränkt sich diese, solange er keinen Zusatzauftrag bekommen hat, auf die in seinem Angebot genannten zwei Lagen, selbst wenn damit die eigentlich gewollte nachhaltige Dachsanierung verfehlt würde? Oder ist er vorrangig zum Erfolg verpflichtet und muß daher unabhängig davon, ob er einen Zusatzauftrag erhält, von der als unzureichend erkannten zu der allein wirksamen teureren Ausführungsweise wechseln? Wäre der Bauherr in diesem Fall verpflichtet, ihm die Mehrkosten zu bezahlen? Würde er seinen Vergütungsanspruch gefährden, wenn er aus Scheu vor einer untauglichen Leistung ohne Zahlungszusage des Bauherrn das Dach in der teureren Version sanieren würde? Der Unternehmer verlangt eine kurzfristige Antwort. Er muß sich entscheiden, ob und wenn ja in welcher Weise er weiterarbeiten soll. Er will weiter wissen, welche rechtlichen Schritte er einhalten muß, um seinen Vergütungsanspruch zu wahren.

Der Bauherr auf der anderen Seite will wissen, ob er sich der Forderung des Unternehmers, vor Ausführung der teureren Sanierung die Vergütungspflicht anzuerkennen, beugen muß. Die Erklärung, ohne vorherige Zahlungszusage die teurere Sanierung nicht auszuführen, empfindet der Bauherr als Erpressung. Er kann nicht verstehen, wie es mit dem Grundsatz der Verläßlichkeit von Verträgen vereinbar sein soll, daß ihm jetzt das Dreifache der vereinbarten Vergütung abverlangt wird, obwohl er wirtschaftlich gesehen nichts anderes erhält als vereinbart, nämlich eine nachhaltige Sanierung des Hallendaches. Gibt es wenigstens die Möglichkeit, die Vergütungsfrage einer späteren Prüfung vorzubehalten und damit zu erreichen, daß auf jeden Fall die allein taugliche teurere Sanierung ausgeführt wird ohne die Aufgabe von Rechtspositionen durch ein vorschnelles Anerkenntnis? Auf diese Fragen eine Antwort zu geben ist der Gegenstand dieser Schrift. Das gewählte Beispiel mag, insbesondere wegen der Zahlenverhältnisse, irreal erscheinen. Der Fall hat sich aber tatsächlich ereignet, lediglich mit dem Unterschied, daß sich die Untauglichkeit der Zwei-Lagen-Lösung erst nach beendeter Ausführung herausgestellt hat. Dem Gericht stellte sich die Frage, ob die Gewährleistungsansprüche des Bestellers sich auf das Flicken der zweilagigen Dachhaut beschränkten oder ob er die Neuherstellung in der tauglichen DM 2,0 Mio.-Lösung verlangen konnte.[3]

Die Untersuchung beginnt mit einer Fallauswahl aus der Rechtsprechung. Sie ist ausführlich gehalten, um die möglichen Fallkonstellationen wirklichkeitsgetreu wiederzugeben und das richtige Verständnis für die wirtschaftlichen Auswirkungen des Konfliktes zu gewinnen. Gleichzeitig soll deutlich werden, welche unterschiedlichen Antworten die Gerichte auf die in ihrem Kern immer wieder gleiche Frage geben (II). Die allen Fällen gemeinsamen Tatbestandsmerkmale sind die Unausweichlichkeit der Mehrleistung und die Schwierigkeit, vor ihrer Ausführung Klarheit über die Frage herbeizuführen, ob die notwendig werdende Ausführungsweise wirklich von der vereinbarten abweicht (III). Die Ergänzung der bauvertraglichen Leistungsbeschreibung um Angaben zur Ausführung erweist sich als Ursache der Konfliktsituation. Der wirtschaftliche Grund und der wirtschaftliche Zweck sollen den Willen der Vertragschließenden verständlich machen (IV). Es folgt die Frage, wie die Ausführungshinweise des Bauherrn mit der Erfolgspflicht des Werkunternehmers zu vereinbaren sind. Die Antwort wird unter Zuhilfenahme der VOB/C gefunden (V). Es bleibt die Frage nach der Anspruchsgrundlage für die Vergütung des Mehraufwandes, wenn eine vorherige Vereinbarung wegen kurzfristig nicht zu überbrückender Meinungsverschiedenheiten über die Voraussetzungen einer Mehrvergütung nicht zu erreichen war (VI). An zwei Konsequenzen ist zu denken, an das Vorleistungsrisiko des Unternehmers, wenn er mangels Klärung für seinen Mehraufwand keinen Anspruch auf Abschlagszahlungen hat, und an das Bedürfnis des Auftraggebers, den nicht eingeplanten Mehrkosten, wenn sie ihn am Ende treffen sollten, durch Aufgabe des Bauvorhabens zu entgehen (VII). Die Schrift schließt mit Ratschlägen an die Vertragsparteien (VIII).

---

3 OLG Hamm vom 14.11.1989, BauR 1991, 756.

II Die notwendige Mehrleistung in der Rechtsprechung

Der Blick in die Rechtsprechung ergibt fünf Arten von Abweichungen der tatsächlich erforderlichen von der beschriebenen Bauausführung, um deren Mehrkosten es jeweils zum Streit kam:

— Einbau zusätzlicher Teile,
— Vergrößerung vorgesehener Bauteile,
— geändertes Verfahren,
— verlängerte Ausführungszeit und
— nicht erfüllte Erleichterungserwartungen.

Bei aller Unterschiedlichkeit im einzelnen ist allen Fällen folgendes gemeinsam: Der Unternehmer muß einen von der Leistungsbeschreibung abweichenden Weg zur Vollendung seines Werkes einschlagen und sieht darin eine Änderung der vertraglichen Leistung. Der Besteller hält ihm entgegen, daß das Endergebnis nicht anders als vertraglich vorgesehen ausfällt und er mit den zusätzlichen Kosten nicht behelligt werden will.

Die nachstehend skizzierten Fälle entstammen ausschließlich dem Bauwesen. Das liegt nicht an einer gezielten Auswahl. Vielmehr war es der Plan des Verfassers, den Konflikt zwischen Leistungsbeschreibung und Leistungserfolg für das gesamte Werkvertragsrecht zu erarbeiten und nicht auf das Sondergebiet Bau zu beschränken. Trotz dieses Bestrebens haben sich Fallbeispiele nur aus dem Bereich des Bauens gefunden. Damit gilt es sich abzufinden. Ob das Zufall oder auf eine Besonderheit des Bauens zurückzuführen ist, wird sich herausstellen.

Auf ein weiteres Phänomen ist hinzuweisen. Von den 26 behandelten Urteilen beschäftigen sich 22 mit den Vorschriften der Verdingungsordnung für Bauleistungen (VOB). Nur die verbleibenden vier Fälle waren nach den Werkvertragsvorschriften des Bürgerlichen Gesetzbuches zu lösen. In diesem Zahlenverhältnis kommt die überragende Bedeutung der VOB für das Bauwesen zum Ausdruck. Es gibt Schätzungen, nach denen 70 % bis 80 % aller Bauverträge der VOB unterliegen.[4]

An dieser Stelle wird ein kurzer Überblick zur Systematik der VOB eingeschoben. Sie ist nicht von einer Vertragsseite mit dem Ziel einseitiger Interes-

---
4 Vgl. Heinrich, BauR 1982, 224, 225.

senwahrung geschaffen, ihr Inhalt wird vielmehr vom Deutschen Verdingungsausschuß für Bauleistungen (DVA) erarbeitet, an dem die am heutigen Baugeschehen beteiligten Ministerien, öffentlichen Verwaltungen, Wirtschafts- und Berufsverbände, also sowohl die Auftraggeber- als auch die Auftragnehmerseite, vertreten sind. Die Vertreter der öffentlichen Hand stellen im deutschen Verdingungsausschuß zahlenmäßig die größte Interessengruppe dar.[5]

Die Erstfassung der VOB stammt aus dem Jahre 1926. Nach dem zweiten Weltkrieg ist sie neu bearbeitet und durch Beschluß der Hauptversammlung des DVA im Juni 1952 beschlossen worden. Diese „VOB (52)" ist 1973 durch die überarbeitete „VOB (73)" abgelöst worden. Die beiden Fassungen sind zwar in der Struktur gleich, enthalten die gleichen Paragraphen, unterscheiden sich aber in Einzelheiten. Die VOB besteht aus den Teilen A, B und C.

Teil A, Allgemeine Bestimmungen für die Vergabe von Bauleistungen, enthält das Regelwerk für die Vertragsanbahnung und den Vertragsabschluß und wird nicht Vertragsbestandteil. Zur Anwendung des Teils A sind verpflichtet die öffentlichen und ihr gleichgestellten Auftraggeber gemäß § 57a der Änderung des Haushaltsgrundsätzegesetzes vom 26.11.1993.[6] Für sonstige Auftraggeber ist der Teil A nur verbindlich, wenn sie sich ihm freiwillig unterwerfen.[7] Auch wenn die Bestimmungen des Teiles A für die Ausschreibung vorgeschrieben sind, werden sie nicht Vertragsbestandteil. Sie liefern aber Auslegungshilfen für Streitfälle.

So definiert § 1 VOB/A die Bauleistung, § 5 VOB/A den Einheits- und Pauschalvertrag und gibt § 9 VOB/A nähere Hinweise für den Inhalt der Leistungsbeschreibung.

Die Gestaltung des Vertrages erfolgt durch den Teil B, Allgemeine Vertragsbedingungen für die Ausführung von Bauleistungen. Über die Rechtsnatur der VOB/B gibt es unterschiedliche Ansichten. Der Gesetzgeber hat in § 23 Abs. 2 Nr. 5 AGBG bestimmt, daß die Klauselverbote § 10 Nr. 5 AGBG (Fiktion einer Erklärung) und § 11 Nr. 10 AGBG (Gewährleistung) für solche Leistungen keine Anwendung finden, für die die VOB Vertragsgrundlage ist. Daraus folgt im Umkehrschluß, daß die übrigen Bestimmungen des AGBG auf die VOB anzuwenden sind, der Gesetzgeber die VOB/B also als

---

5 Nicklisch/Weick, Einl. Rdn. 25.
6 Bundesgesetzblatt 1993, 1928 ff.
7 Vgl. BGH v. 21.11.1991, BauR 1992, 221 = WM 1992, 358 = ZfBR 1992, 67 = NJW 1992, 827.

ein Werk der allgemeinen Geschäftsbedingungen versteht.[8] Gewichtige Einwendungen meldet Siegburg an, der auf das Fehlen der für Allgemeine Geschäftsbedingungen charakteristischen Einseitigkeit der Entstehung und Parteilichkeit verweist und zu bedenken gibt, daß die VOB von beiden Seiten des Bauvertrages verwendet wird.[9] Pauly[10] verteidigt zwar in seiner Entgegnung auf Siegburg die Anwendbarkeit des AGB-Gesetzes, will aber die Rechtsnatur der VOB/B doch dahin gehend modifizieren, daß sie als ein Regelungswerk sui generis im Sinne eines Sonderrechts der Bauwirtschaft anzusehen sei. So sieht auch der BGH die VOB/B, wenn er ihr einen auf die Besonderheiten des Bauvertragsrechts abgestimmten, im Ganzen einigermaßen ausgewogenen Ausgleich der beteiligten Interessen bescheinigt und es deshalb ablehnt, sie mit einseitigen Allgemeinen Geschäftsbedingungen auf eine Stufe zu stellen. Das Normgefüge der VOB/B als Ganzes halte einer Inhaltskontrolle nach § 9 AGBG stand. In Ausdehnung des Wortlautes des § 23 Abs. 2 Nr. 5 AGBG lehnt er deshalb eine isolierte Inhaltskontrolle einzelner Bestimmungen ab, solange die VOB/B ohne ins Gewicht fallende Einschränkungen übernommen ist.[11] Von dieser inzwischen als gefestigt anzusehenden Einstufung abzugehen, gibt auch die EG-Richtlinie über mißbräuchliche Klauseln in Verbraucherverträgen vom 5.4.1993[12] keinen Grund.[13]

Auch in Anbetracht dieser Sonderstellung ist aber Voraussetzung für die Einbeziehung der Vorschriften der VOB/B, daß sie in einer den Anforderungen des § 2 AGBG genügenden Weise vom Verwender der anderen Vertragspartei in zumutbarer Weise zur Kenntnis gegeben ist.[14] Sowohl Auftraggeber wie Auftragnehmer können Verwender sein. Aber auch wenn die VOB/B nicht Vertragsbestandteil ist, werden etliche ihrer Bestimmungen, für die eine vergleichbare Regelung im BGB fehlt, als Maßstab für die dem Grundsatz von Treu und Glauben entsprechende Vertragserfüllung herangezogen.[15] Ein Beispiel ist die Pflicht des Unternehmers, auf Bedenken gegen die vorgesehene Art der Ausführung hinzuweisen (§ 4 Nr. 3 VOB/B), und die Befreiung von der Gewährleistungspflicht für den Fall, daß ein Mangel auf Anordnungen des Auftraggebers zurückzuführen ist und dem Unter-

---

8 Siegburg, BauR 1993, 9 f., 10; Pauly, BauR 1996, 328 f., 329.
9 Siegburg, BauR 1993, 9 f.; s. Fn. 8.
10 Pauly, BauR 1996, 328 ff.; 11.
11 BGH vom 16.12.1982, BGHZ 1986, 135, 138 ff. = BauR 1983, 161 f. = NJW 1983, 816 = ZfBR 1983, 92 = BB 1983, 599 = Betrieb 1993, 819.
12 Abgedr. in NJW 1993, 1838.
13 Kutschker, BauR 1994, 417 f.
14 Vgl. Staudinger/Peters, Vorbem. zu §§ 631 ff., Rdn. 100 ff.
15 Vgl. Ingenstau/Korbion, Einl. Rdn. 33.

nehmer eine Verletzung seiner Hinweispflicht nicht vorgeworfen werden kann (§ 13 Nr. 3 VOB/B).[16]

Der Teil C, Allgemeine Technische Vertragsbedingungen für Bauleistungen (ATV), wird durch den § 1 Nr. 1 VOB/B in den VOB-Vertrag einbezogen, ohne daß seine Einbeziehung darüber hinaus noch besonders betont werden muß.[17] Er enthält einerseits Qualitäts- und Ausführungsvorschriften, die den Leistungsinhalt in technischer Hinsicht regeln. Die Gültigkeit dieses Teils der VOB/C ist von der ausdrücklichen Einbeziehung in den Vertrag nicht abhängig, er ist Teil der allgemein gültigen anerkannten Regeln der Technik.[18] Die VOB/C enthält aber andererseits Regelungen zur Berechnung der Vergütung und hat damit die Funktion ergänzender Vertragsgestaltung, indem sie die abgegoltenen Nebenleistungen von den Besonderen Leistungen abgrenzt und Einzelheiten über die Art und Weise festlegt, wie die Leistungen aufzumessen sind. Der Teil C ist der umfangreichste der drei Teile der VOB. Auf ihn wird noch gesondert eingegangen.

Die Fassungen (52) und (73) der VOB lassen sich dadurch unterscheiden, daß die VOB (52) die Untergliederung ihrer Paragraphen als Ziffern bezeichnet, die Fassung (73) dagegen als Nummern. Die Nummern beziehungsweise Ziffern sind wiederum in Absätze unterteilt.

Schließlich muß im Vorwege darauf hingewiesen werden, daß bei der Schilderung der den Gerichtsverfahren zugrundeliegenden Sachverhalte der Blickwinkel gegenüber den Urteilstatbeständen geändert wurde. Der Richter bekommt den Fall vorgelegt, wenn die Entscheidung, den erhöhten Aufwand zu treiben oder ihn zu verweigern, in der einen oder anderen Weise gefallen und die Baustelle abgeschlossen ist. Will man aber die in den Urteilen angestellten rechtlichen Überlegungen zur Lösung ähnlicher Konflikte nutzen, muß der Betrachter sich in die Situation auf der Baustelle versetzen. Dort muß in einem Zeitraum von Stunden eine Antwort auf die Frage gefunden werden, wie weit die Leistungspflicht des Unternehmers geht und ob und gegebenenfalls in welcher Weise sich die Zahlungspflicht des Auftraggebers verändert. Zeigen die Urteile einen Weg, diese Krisensituation zu bewältigen und einem möglichen folgenden Gerichtsverfahren gelassen entgegenzusehen?

Der Rechtsprechungsüberblick gliedert sich nach der unterschiedlichen technischen Struktur der notwendigen Mehrleistungen. Die eine Art von Mehrleistungen findet körperlich Eingang in das Bauwerk, sei es, indem zu-

---

16 Vgl. Vygen, Bauvertragsrecht nach VOB und BGB, Rdn. 449.
17 Ingenstau/Korbion, B § 1, Rdn. 10.
18 Ingenstau/Korbion, Einl. Rdn. 16; Staudinger/Peters, § 633, Rdn. 47.

sätzliche Teile eingebaut werden, sei es, daß vorgesehene Bauteile hinsichtlich ihres Volumens erweitert werden müssen. Diese Art von Mehrleistungen sind für den Bauherrn sicht- und nachmeßbar. Dem steht eine zweite Art von Mehrleistungen gegenüber, die sich nur auf das Verfahren der Herstellung beziehen, ohne daß die Gestalt des Werkes sich ändert. Diese in der Verfahrensweise liegenden Mehrleistungen können in einer Änderung der Verfahrensweise oder in einer bloßen zeitlichen Verlängerung liegen. Eine Sonderstellung schließlich nehmen nicht erfüllte Erleichterungserwartungen ein. Auch diese führen zu Änderungen oder Verlängerungen des Verfahrens, jedoch nicht bezogen auf den Wortlaut der Leistungsbeschreibung. Hier haben sich Erwartungen möglicher Ausführungserleichterungen, die auf sonstige Angaben in der Leistungsbeschreibung gestützt waren, für den Bauunternehmer nicht erfüllt.

1 Einbau zusätzlicher Teile

Zusätzlich eingebaute Teile sind mit Händen greifbare Mehrleistungen, die in der Regel, so sollte man meinen, kein Auftraggeber ohne entsprechende Vergütung erwarten kann. Wenn sie aber an der vertraglich vorgesehenen Tauglichkeit des Bauwerkteils nichts ändern, keinen zusätzlichen Nutzeffekt bringen, fragt der Auftraggeber nach dem Grund, warum er mehr als vertraglich vorgesehen zahlen soll.

a) Schwimmbadheizregister, BGH vom 15.5.1975[19]

Ein Heizungsinstallateur hat zu Einheitspreisen den Einbau der Heizung für eine Schwimmhalle übernommen. In dem vom Fachplaner des Auftraggebers verfaßten Leistungsverzeichnis sind zehn Fußbodenheizregister vorgesehen. Im Zuge der Arbeiten stellt sich heraus, daß, um eine ausreichende Beheizung zu erreichen, fünf weitere Heizregister erforderlich sind. Darf der Unternehmer sie ohne zusätzlichen Auftrag einbauen? Muß er es gar? Einerseits würde ohne sie die Anlage nicht tauglich werden, andererseits enthalten die Vorbemerkungen die Klausel, daß für Zusatz- und Nachtragsarbeiten eine schriftliche Auftragsbestätigung des Bestellers notwendig ist.

Der Unternehmer hat die fünf Register eingebaut, ohne sich einen schriftlichen Zusatzauftrag erteilen zu lassen. Unter Berufung auf das Fehlen dieses Auftrages verweigert der Besteller die geforderte zusätzliche Vergütung.

---

19 Schäfer/Finnern, Z 2.310 Bl. 40.

Der Bundesgerichtshof – fortan BGH – hat in seinem Urteil die zusätzliche Vergütung dem Unternehmer zugesprochen mit der Begründung, hier sei der Einbau von weiteren fünf Heizregistern notwendig gewesen, um eine ausreichende Beheizung der Schwimmhalle zu erreichen. Es handele sich um eine Leistung, die „gefordert" gewesen sei, zu der die Klägerin aber nach dem (ursprünglichen) Vertrag, der nur zehn Registergruppen vorgesehen habe, nicht verpflichtet gewesen sei. Das sei der Fall des § 2 Ziff. 6 VOB/B.

Der BGH hat dem Unternehmer also die Rechtmäßigkeit seiner Verhaltensweise bestätigt. Allerdings war es nicht der Vertrag, der die Legitimation gegeben hat, dem Auftraggeber ohne sein vorheriges Einverständnis eine um die fünf Register erhöhte Vergütungszahlung aufzuerlegen. Denn nach dem Vertrag soll, so der BGH, der Unternehmer zu deren Einbau nicht verpflichtet gewesen sein. Das folgt aus der Einordnung unter die Bestimmung des § 2 Ziff. 6 VOB/B (52), die nach ihrem Wortlaut für Leistungen galt, zu denen der Auftragnehmer nach dem Vertrag nicht verpflichtet war. Als auftraglos wollte der BGH die Leistung aber auch nicht behandeln. Er hat einen Ausweg gefunden über die Gleichsetzung notwendig = gefordert.

Durch diese Gleichsetzung die vertragliche Vergütungsschuld des Bauherrn zu erhöhen, ohne daß dieser sich mit der Zusatzzahlung einverstanden erklärt hat, ist in der Literatur auf Ablehnung gestoßen. Finnern meint in seiner Urteilsanmerkung, die VOB unterscheide eindeutig zwischen zusätzlichen Leistungen auf Verlangen und solchen ohne Auftrag. Maßgebliches Unterscheidungskriterium sei die Frage, ob die Leistung auf eine Forderung des Auftraggebers zurückgehe. Fehlt es hieran, handelt es sich nach Finnern um eine Geschäftsführung ohne Auftrag, die durch § 2 Ziff. 7 VOB/B (52) besonders geregelt sei. Es komme daher nicht darauf an, ob eine zusätzliche Leistung vertragswidrig sei, sondern darauf, ob sie ohne Vertragsbasis erfolge.[20] Auch Korbion kritisiert den BGH und meint, daß dessen Ansicht nicht mit der Bestimmung des § 1 Ziff. 4 VOB/B in Einklang zu bringen sei, nach der der Auftragnehmer vom bisherigen Vertrag nicht erfaßte Leistungen nicht von sich aus, sondern erst auf Verlangen des Auftraggebers auszuführen habe.[21] Locher und Riedl schließen sich den ablehnenden Stimmen an mit dem Hinweis, daß der Unterschied zwischen § 2 Nr. 6 VOB/B und § 2 Nr. 8 VOB/B (inhaltsgleich mit § 2 Ziff. 7 VOB/B 52) verwischt werde.[22] Weick und von Craushaar lehnen die Entscheidung ab, weil § 2 Nr. 8 VOB/B seinen Sinn verlöre.[23] Im Ergebnis sind sich alle Kritiker einig, keine

---
20 Schäfer/Finnern, Z 2. 310 Bl. 41.
21 Ingenstau/Korbion, § 2 Rdn. 292, ebenso Vygen, BauR 1979, 375, 382.
22 Locher, FS Korbion (1986), S. 283 f. und Heiermann/Riedl/Rusam, § 2 Rdn. 129.
23 Nicklisch/Weick, § 2 Rdn. 68; von Craushaar, BauR 1984, 311, 321.

zusätzliche vertragliche Vergütungsschuld anzuerkennen ohne eine vom Wissen und Wollen des Auftraggebers getragene entsprechende Erklärung. Beim Fehlen einer solchen Willenserklärung sehen sie eine Vergütungsschuld nur unter den Voraussetzungen, unter denen eine auftraglose Leistung zu vergüten ist.

Den Kritikern muß aber die Gegenfrage gestellt werden, ob denn der Unternehmer den Einbau der fünf Register, wenn nach ihrer Ansicht auftraglos erfolgt, auch hätte lassen dürfen? Es gibt keine Pflicht, nicht einmal ein Recht, ohne Auftrag Werkleistungen am Eigentum des Auftraggebers, seinem in Entstehung befindlichen Gebäude, kostenlos auszuführen. Die für diesen Fall grundsätzlich festgelegte Beseitigungspflicht des § 2 Nr. 8 VOB/B (73) macht dies deutlich. Hatte der Unternehmer aber nicht auch die vertragliche Pflicht, eine fertige und taugliche Heizungsanlage zu bauen, mit anderen Worten, mit seiner Leistung den vertraglich vorgesehenen Erfolg herbeizuführen? Wäre es deshalb nicht eher vertragswidrig gewesen, um der Einhaltung des Leistungsverzeichnisses willen den Leistungserfolg in Frage zu stellen?

Hätte der Unternehmer sich helfen können, indem er gegen die vorgesehene Art der Ausführung (nur zehn Register) Bedenken angemeldet hätte (§ 4 Nr. 3 VOB/B)? Wenn dann der Auftraggeber die Bedenken als unbegründet zurückgewiesen hätte, wäre der Unternehmer von der Gewährleistungspflicht für die mit nur zehn Registern unzureichend ausgerüstete Anlage befreit worden (§ 13 Nr. 3 VOB/B). Hätte der Auftraggeber dagegen die Bedenken als berechtigt akzeptiert, hätte er damit in die geänderte Ausführung eingewilligt. Die Vertragsbedingungen dieses Falles enthielten aber die Bestimmung, daß für Zusatzarbeiten eine schriftliche Auftragsbestätigung der Bestellerin notwendig sei. Während die Einwilligung in die geänderte Ausführung allein der Art und Weise der Leistung gegolten hätte, würde erst die schriftliche Auftragsbestätigung die Vergütung ändern.

b) Rinnsteinangleichung, OLG Düsseldorf, 5. Zivilsenat, vom 14.11.1991[24]

Ein Unternehmer soll für ein städtisches Versorgungsunternehmen die erforderlichen Gräben für die Verlegung einer Gas- und Wasserleitung ausheben, sie nach der Verlegung der Leitungen wieder verfüllen und die Fahrbahnoberfläche wiederherstellen. Im Zuge dieser letzten Arbeitsphase ergibt sich, daß die Platten der Straßenrinne aufgebrochen sind und eine Unfallgefahr darstellen.

---
24 BauR 1992, 777.

Die notwendige Mehrleistung in der Rechtsprechung

Der Unternehmer weist die täglich auf der Baustelle erscheinenden Aufsichtsbeamten seines Auftraggebers darauf hin, daß es notwendig sei, die Straßenrinne aufzunehmen und neu zu setzen sowie den schmalen Streifen Straßendecke entlang der Rinnenbahn zu erneuern. Die Aufsichtsbeamten haben nichts einzuwenden. Im Leistungsverzeichnis ist eine derartige Straßenrinnenerneuerung allerdings nicht vorgesehen. Während der Ausführung drängt der Auftraggeber schriftlich, im Hinblick auf die Unfallgefahr die Arbeiten zu beschleunigen. Ob der Unternehmer durch vorsichtigere Arbeitsweise während der ersten Phase, dem Grabenaushub, die Beschädigungen an der Straßenrinne hätte vermeiden können, bleibt offen.

Darf sich der Unternehmer durch das schriftliche Drängen als mit diesen Zusatzleistungen beauftragt sehen?

Nein, sagt das OLG Düsseldorf in seinem klagabweisenden Urteil. Die besondere Vergütung nach § 2 Nr. 6 VOB/B setze ein Verlangen nach Ausführung der zusätzlichen, bisher im Bauvertrag nicht vorgesehenen Leistung voraus, das inhaltlich eindeutig sein müsse. Der Verfasser des Schreibens, das die rasche Beseitigung der Unfallgefahr gefordert habe, habe nicht davon ausgehen können, daß der Unternehmer mit den Rinnenarbeiten Zusatzarbeiten ausführe. Die Leistung gelte auch nicht deshalb als gefordert, weil sie notwendig gewesen sei. In seiner Entscheidung vom 19.5.1975 (Schwimmbadheizregister)[25] habe der BGH verkannt, daß die Frage der Vergütung für notwendige Leistungen, die aber nicht verlangt worden seien, im § 2 Nr. 8 Abs. 2 S. 2 VOB/B als auftraglose Leistungen geregelt sei.

Aber auch nach dieser Vorschrift könne der Unternehmer keine Vergütung beanspruchen. Der Besteller habe die Leistung nicht nachträglich anerkannt, sie habe auch nicht seinem mutmaßlichen Willen entsprochen. Das ergebe sich daraus, daß in dem Auftragsschreiben ausdrücklich klargestellt sei, daß der Auftrag auf maximal DM 123.800,00 zuzüglich Mehrwertsteuer begrenzt sei. Damit sei deutlich gemacht worden, daß die Entscheidung über die Vergabe der Zusatzleistungen dem Beigeordneten, mindestens aber dem Werkleiter vorbehalten sein solle. Das stillschweigende Einverständnis der Aufsichtsbeamten auf der Baustelle lasse Rückschlüsse auf den mutmaßlichen Willen der Bestellerin nicht zu. Im übrigen habe der Unternehmer nicht die Ausführung der Arbeiten gegenüber dem Auftraggeber angezeigt. Die Aufsichtsbeamten seien nicht die richtigen Adressaten gewesen. Ein Bereicherungsanspruch stehe dem Unternehmer nicht zu, weil die Vergütungsregelung des § 2 VOB/B abschließend sei.

---

25 Siehe oben II, 1, a.

Was hat nach dem Urteil der Unternehmer falsch gemacht? Nach Ansicht des Gerichts hätte er sich nicht mit dem Drängen des Auftraggebers zufriedengeben, sondern auf Klarstellung bestehen müssen, daß dessen drängende Aufforderung eine solche im Sinne des § 2 Nr. 6 VOB/B sei, also auf eine im Vertrag nicht vorgesehene Leistung gerichtete. In ausdrücklichem Widerspruch zum BGH und in Übereinstimmung mit dessen Kritikern verlangt das OLG Düsseldorf eine die Konsequenz der Änderung der Vergütung einbeziehende Willensäußerung des Auftraggebers als Voraussetzung für einen zusätzlichen Zahlungsanspruch nach § 2 Nr. 6 VOB/B.

Was soll der Unternehmer tun, wenn er einen eindeutigen Zusatzauftrag nicht durchsetzen kann? Wie das Gericht feststellt, hat der Verfasser der schriftlichen Aufforderung in der Eile nicht überblicken können, ob die Rinnenanpassung an irgendeiner Stelle des Leistungsverzeichnisses enthalten war. Soll der Unternehmer die Mehrleistung verweigern? Ergibt die spätere gerichtliche Auseinandersetzung, daß der Auftraggeber Recht hatte mit seinem Argument, die Rinnenarbeiten hätten lediglich der Beseitigung eigener Fehler gedient, würde sich seine Ablehnung als Erfüllungsverweigerung herausstellen mit der Folge, daß er für den Schaden einstehen muß.[26] Das Risiko will er nicht eingehen.

Nach den Urteilsgründen bleibt dem Unternehmer nur der Weg, die Leistung auftraglos auszuführen. Wenn er sich dann in den Fallstricken des § 2 Nr. 8 VOB/B verfängt, wie im vorliegenden Fall nach Ansicht des Gerichts geschehen, bleibt ihm jeglicher Anspruch versagt mit dem Ergebnis, daß dem Auftraggeber die zusätzliche Leistung geschenkt wird. Ist das die gegenüber der Schwimmbadheizregister-Entscheidung des BGH bessere Lösung?

c) Kellerabdichtung I, BGH vom 22.3.1984[27]

Durch Generalunternehmervertrag haben die Parteien die schlüsselfertige Errichtung einer Eigentumswohnungsanlage zu einem Pauschalpreis vereinbart. Die VOB/B ist Vertragsbestandteil. Weiterer Vertragsbestandteil ist die Bau- und Leistungsbeschreibung des Architekten des Auftraggebers. Darin ist eine Kellerabdichtung gegen nichtdrückendes Wasser vorgesehen. Eine alternativ aufgeführte Isolierung, die sich auch zur Abhaltung von Druckwasser eignen würde, wird vom Auftraggeber vor Vertragsschluß gestrichen.

---

26 Vgl. BGH vom 12.6.1980, Schäfer/Finnern/Hochstein, § 8 VOB/B (73) Nr. 2.
27 Schäfer/Finnern/Hochstein, Nr. 5 zu § 13 Nr. 5 VOB/B (1973) = BauR 1984, 395 = ZfBR 1984, 73 = WM 1984, 774 = NJW 1984, 1676.

Nach dem Aushub der Baugrube sieht der Bauunternehmer das Schichtenwasser eindringen und erkennt, daß ohne Isolierung gegen drückendes Wasser die Keller nicht trocken sein werden. Er teilt dies seinem Auftraggeber mit und weist auf Mehrkosten hin. Dieser besteht auf Herstellung eines nachhaltig trockenen Kellers, wenn nötig, mittels einer Isolierung gegen drückendes Wasser, lehnt gleichzeitig aber unter Hinweis auf den Pauschalvertrag und die Schlüsselfertigstellungsklausel jegliche Zusatzvergütung ab. Eine Einigung kommt nicht zustande.

Was soll der Unternehmer in dieser Situation tun? Ist er zur Druckwasserisolierung verpflichtet, weil diese ersichtlich notwendig ist, oder soll er es unter Berufung auf die Leistungsbeschreibung des Architekten bei der einfachen Isolierung gegen Erdfeuchtigkeit bewenden lassen, solange der Auftraggeber sich zu einer Vertragsänderung nicht bereitfindet? Der BGH gibt die folgende Antwort:

*Daraus (aus der Verpflichtung, die Wohnanlage schlüsselfertig zu erstellen, d.Verf.) folgt, daß sie **insgesamt** ein mängelfreies Gebäude zu errichten hatte und ihre Gewährleistungspflicht nicht vom Inhalt des Leistungsverzeichnisses abhängen sollte. Sie schuldete all das, was nach den örtlichen und sachlichen Gegebenheiten jeder Fachmann als notwendig erachtet hätte.*

Vorrangig gegenüber dem Leistungsverzeichnis soll sich die Leistungspflicht des Unternehmers also danach bestimmen, was „jeder Fachmann", wenn ihm das Schichtenwasser in die Baugrube dringt, für notwendig halten würde. Der vereinbarte Leistungserfolg, hier die Herstellung der Wohnanlage in schlüsselfertigem Zustand, bestimmt den Leistungsumfang. Der Vertrag verpflichtet demnach den Unternehmer, die aufwendigere Abdichtung gegen Druckwasser auszuführen.

Ihre Kosten sind aber in dem Pauschalpreis nicht einkalkuliert, was ebenfalls dem Wissen und Wollen der beiden Vertragsparteien entspricht. Gilt dennoch aufgrund der Verpflichtung zur schlüsselfertigen Vollendung die Abdichtung gegen Druckwasser als zu dem vereinbarten Pauschalpreis geschuldet? Die Antwort des BGH in dem genannten Urteil lautet:

*Gleichwohl war sie nicht verpflichtet, die unstreitig erforderliche Abdichtung gegen drückendes Wasser **ohne Zusatzbezahlung** auszuführen. Der Umfang der vom Pauschalpreis abgegoltenen Leistung (§ 2 Nr. 1 VOB/B) wurde hier nämlich nicht allein durch das Ziel, ein schlüsselfertiges Bauwerk zu errichten, sondern noch durch weitere Vorgaben der Beklagten bestimmt.*

Das in den Vertrag einbezogene Leistungsverzeichnis des Architekten ist laut BGH mithin nur Meßgröße der Leistungsteile, die mit der vereinbarten

Vergütung abgegolten sind. Die über das Leistungsverzeichnis hinausgehende Abdichtung gegen Druckwasser ist danach vom Pauschalpreis nicht abgegolten. Der BGH legt den Vertrag also in der Weise aus, daß trotz Herausnahme aus dem Leistungsverzeichnis die zur Erreichung einer mangelfreien Schlüsselfertigkeit erforderliche Abdichtung gegen Druckwasser zur Leistungspflicht gehört, sie mit der vereinbarten Vergütung aber nicht abgegolten ist.

Beim Vertragsschluß empfanden beide Parteien zwischen Leistung einerseits und Vergütung andererseits ein Gleichgewicht. Dieses hing aber davon ab, daß sich die Leistung im Rahmen des Leistungsverzeichnisses des Architekten hielt. Gegenüber dem so abgesteckten Leistungsrahmen haben die örtlichen und sachlichen Gegebenheiten zu einer Leistungserweiterung geführt, die jetzt mit der ausgehandelten Vergütung nicht mehr übereinstimmte. Wie regelt sich die zur Wiederherstellung des vertraglichen Gleichgewichts erforderliche Erhöhung der Vergütung? Der BGH wendet in der genannten Entscheidung die Vorschrift des § 2 Nr. 6 Abs. 1 VOB/B an, indem er in der Abdichtung gegen Druckwasser eine „nicht vorgesehene, von der Beklagten bewußt gestrichene Zusatzleistung" sieht.

Nicht vorgesehen und nicht geschuldet sind danach zwei verschiedene Dinge. Der Vertrag kann eine Leistung nicht vorsehen, gleichwohl aber zu ihr verpflichten, wie hier zur Druckwasserisolierung. Diese Auslegung war dem BGH durch die Änderung des § 2 Nr. 6 VOB/B (73) eröffnet. Bei der Entscheidung Schwimmbadheizregister hieß es im § 2 Ziff. 6 VOB/B (52)" nach dem Vertrage nicht verpflichtet". In der Fassung 73 sind die Worte ersetzt worden durch „vertraglich nicht vorgesehen".

Nun setzt § 2 Nr. 6 VOB/B aber eine gesonderte Anforderung der nicht vorgesehenen Leistung voraus. Ist für eine solche noch Raum, wenn die Leistungspflicht bereits im ursprünglichen Vertrag begründet sein soll, wie der BGH sagt? Das Urteil läßt die Frage offen.

Will der BGH hier wieder wie in seiner Schwimmbadheizregister-Entscheidung die objektive Notwendigkeit einer Leistungsanforderung gleichsetzen? Während in jenem Fall eine Willensäußerung des Auftraggebers gefehlt hatte, liegt hier eine solche vor, nämlich die Weigerung, für die Abdichtung gegen Druckwasser eine zusätzliche Vergütung zu zahlen. Das OLG Düsseldorf hatte in der zuvor behandelten Entscheidung Rinnsteinanpassung die Anwendung des § 2 Nr. 6 VOB/B davon abhängig gemacht, daß die Leistungsforderung des Auftraggebers von dem Bewußtsein getragen ist, eine über den ursprünglichen Vertrag hinausgehende Leistung zu fordern, und demgemäß von der Bereitschaft begleitet sein muß, eine entsprechende Vergütungsschuld einzugehen.

Der BGH will nicht nur auf diesen Rechtsfolgewillen und auf das Rechtsfolgebewußtsein verzichten, sondern einen entgegenstehenden Willen des Auftraggebers übergehen, indem er die objektiv notwendige als eine vom Auftraggeber geforderte Zusatzleistung im Sinne des § 2 Nr. 6 VOB/B behandelt. Zwar lag ihm der Fall mit anderer Blickrichtung vor. Die Notwendigkeit der Druckwasserisolierung war nämlich erst nachträglich erkannt worden. Die Keller waren mit der einfachen Isolierung versehen worden mit dem Ergebnis, daß sie nach Bezug der Wohnanlage naß wurden. Der Auftraggeber forderte von seinem Generalunternehmer Mängelbeseitigung, zu der dieser aber nur gegen eine Kostenbeteiligung in Höhe von 70 % bereit war. Das wiederum verweigerte der Auftraggeber mit der Folge, daß eine Drittfirma die notwendigen Nachdichtungsarbeiten ausführte. In der anschließenden gerichtlichen Auseinandersetzung ging es darum, ob der Unternehmer die als Mängelbeseitigung geforderte Nachrüstung mit der Druckwasserisolierung zu Recht von der Erstattung der Mehrkosten abhängig gemacht hat. Diese waren nichts anderes als eine zusätzliche Vergütung.[28] Im Ergebnis hat der BGH dem Auftraggeber entgegen seiner ausdrücklichen Weigerung eine Zusatzvergütung auferlegt. Für den Bauunternehmer bedeutet es die Befugnis, durch die Mängelbeseitigung einen zusätzlichen Vergütungsanspruch zu begründen, ohne daß er das Einverständnis des Bauherrn zu dieser Zusatzzahlung einzuholen braucht.

Das Urteil hat in der Literatur vielfache Beachtung gefunden, ohne daß allerdings diese Konsequenz gewürdigt wurde. Bühl rechtfertigt das Ergebnis mit der Erwägung, mit der verbesserten Kellerabdichtung werde eine Leistung erbracht, die einen zusätzlichen Vergütungsanspruch ausgelöst hätte, wäre ihre Notwendigkeit bereits zur Zeit der Durchführung der Leistung erkannt worden.[29] Er erklärt aber nicht, aus welchem Grunde der Bauherr sich dann weniger gegen die Kostentragung hätte sträuben sollen als in der Mängelbeseitigungsphase. Emmerich begründet in seiner Urteilsanalyse die Kostenbelastung des Auftraggebers mit der Erwägung, bei ordnungsgemäßer Ausschreibung wäre der Vertragspreis von vornherein höher gewesen.[30] Gerade bei einem Pauschalpreisvertrag ist es aber fragwürdig, durch eine solche Vermutung das tatsächliche Einverständnis des Bauherrn mit den konkreten Mehrkosten zu ersetzen. Der Bauherr wird darauf pochen, selbst das Maß seiner finanziellen Verpflichtungen zu bestimmen. Es ist daher eher Janisch zuzustimmen, der das Fehlen einer dogmatischen Einordnung der „Sowiesokosten" als Vergütung bemängelt.[31] Hundertmark mißversteht die Entscheidung, wenn er die Begrenzung dessen, was an Leistung gegen die

---

28 So bereits Groß in FS Korbion (1986) S. 123 ff.
29 Bühl, BauR 1985, 502, 503.
30 Emmerich, JuS 1984, 808.
31 Janisch, Haftung für Baumängel und Vorteilsausgleich, S. 30.

vereinbarte Vergütung geschuldet wird, mit einer Einschränkung der Erfolgshaftung gleichsetzt.[32] Der BGH unterscheidet gerade zwischen der Leistungspflicht bis zum vollen Erfolg, also unter Einschluß der verbesserten Kellerabdichtung, und dem Teil der Leistung, der für die Vergütung gefordert werden kann, das ist die einfache Kellerabdichtung.

d) Kellerabdichtung II, OLG Düsseldorf, 23. Zivilsenat, vom 19.3.1991[33]

Ein vorhandener Altbau soll umgebaut und durch einen Anbau ergänzt werden. Anhand der Leistungsbeschreibung sowie den Ausführungsplänen 1 : 100 wird der Pauschalvertrag geschlossen. Der Auftragnehmer soll den Um- und Neubau schlüsselfertig in einem vermietungsfähigen Zustand übergeben. Die VOB ist Vertragsbestandteil. Während des Bauens stellt sich heraus, daß eine Kelleraußenwand des alten Gebäudes einer Feuchtigkeitsisolierung bedarf, die weder in der Leistungsbeschreibung noch in den Ausführungsplänen vermerkt ist. Ist der Unternehmer aufgrund seiner Verpflichtung, den Bau vermietungsfähig und schlüsselfertig zu übergeben, auch ohne Zusatzvereinbarung zu dieser Leistung verpflichtet? Oder beschränkt sich seine Leistungspflicht auf den Inhalt der Leistungsbeschreibung und der Ausführungspläne? Die alte Gebäudewand, die der Isolierung bedurfte, stammte nicht von ihm.

Nach Ansicht des OLG Düsseldorf ergibt sich die vom Unternehmer geschuldete Leistung aus der Leistungsbeschreibung und den Plänen, die Isolierung der Kelleraußenwand sei daher nicht Bestandteil der Leistungspflicht. Die Klausel, das Bauwerk in einem vermietungsfähigen Zustand zu übergeben, sei lediglich eine pauschalierende Beschreibung ohne Änderung des Leistungsinhalts. Die speziellen Regelungen der Baubeschreibung und der vorliegenden Planung gingen vor. Während der BGH in seinem zuvor behandelten Urteil Kellerabdichtung eine Leistungspflicht hinsichtlich der aufwendigeren Abdichtung bejaht und lediglich die Abgeltung durch den Pauschalpreis verneint hat, verneint das OLG Düsseldorf bereits die Leistungspflicht, ohne allerdings auf das BGH-Urteil einzugehen.

Andererseits sagt das OLG Düsseldorf in dieser Entscheidung aber, der Unternehmer dürfe sich „auf diese Weise", gemeint ist die Begrenzung auf die Leistungsbeschreibung, nicht der werkvertraglichen Erfolgshaftung entziehen. Das stimmt mit dem BGH-Urteil überein.

---

32 BBauBl 1985, 130 f.
33 BauR 1991, 747 = NJW-RR 1992, 23.

Offen bleibt, ob das Gericht den Unternehmer für verpflichtet hält, die nachträglich als notwendig festgestellte Kellerisolierung ohne Vertragsänderung auszuführen? Einerseits soll sich die Leistungspflicht begrenzen auf die Leistungsbeschreibung, andererseits die Erfolgshaftung des Bauunternehmers gelten. Dieser Widerspruch bleibt ungelöst. Entsprechend ungelöst ist die Frage nach der Anspruchsgrundlage für die zusätzliche Vergütung für den Fall, daß der Unternehmer ungeachtet des Ausbleibens eines Zusatzauftrages die Kellerisolierung ausführt. Da auch in diesem Fall die erforderliche Leistungsergänzung erst in der Gewährleistungsphase erkannt worden ist, nimmt das Gericht hier „Sowiesokosten" innerhalb der Mängelbeseitigung an, ohne auf ihre Rechtsgrundlage näher einzugehen.

e) Durchgangskühlschrank, OLG Stuttgart vom 9.3.1992[34]

Eine Großkühlanlage ist zu einem Pauschalpreis zu bauen. Das dem Vertrag zugrundeliegende Leistungsverzeichnis enthält als Bestandteil der Gesamtanlage einen sogenannten Durchgangskühlschrank. Aufgrund dieses Leistungsverzeichnisses wird ein Preisangebot abgegeben. Nach dessen Abgabe reicht der Auftraggeber einen Plan nach, den der Unternehmer nicht weiter beachtet. Die anschließende Vergabeverhandlung führt zum Pauschalpreisvertrag. Beim Bauen entdeckt der Unternehmer, daß in den zwischen Angebotsabgabe und Vertragsschluß nachgereichten Plänen zwei Durchgangskühlschränke eingezeichnet sind. Muß er den zusätzlichen zweiten einbauen, wenn ja, im Rahmen des Pauschalpreises oder gegen Zusatzvergütung?

Das OLG Stuttgart bejaht die Pflicht zum Einbau und verneint zugleich den Anspruch auf eine Zusatzvergütung. Eine Änderung des Bauentwurfes gegenüber dem Vertrag verneint das Gericht, weil es an der Erheblichkeit der Änderung fehle (Schlußrechnungssumme DM 1,2 Mio. gegenüber DM 14.464,00 Kosten des zweiten Kühlschrankes).

Diese Einschränkung der Anwendbarkeit des § 2 Nr. 5 VOB/B geht auf das Urteil des BGH vom 16.12.1971[35] zurück, dem aber die VOB (52) zugrunde lag. Der damals gültige § 2 der VOB/B enthielt keine Regelung für die Änderung eines Pauschalpreises, so daß sie aus allgemeinen Rechtsgrundsätzen abgeleitet werden mußte. Der in der Fassung 1973 eingefügte § 2 Nr. 7 VOB/B bestimmt dagegen die Anwendung unter anderem auch des § 2 Nr. 5 VOB/B für den Pauschalpreisvertrag ohne Einschränkung. Aus

---

34 BauR 1992, 639.
35 BauR 1972, 118 = Schäfer/Finnern, Z 2.301 Bl. 42.

diesem Grunde ist die Feststellung des OLG Stuttgart insoweit nicht haltbar.[36]

Auch einen Vergütungsanspruch nach § 2 Nr. 6 VOB/B lehnt das Gericht ab, weil bloße Massenerhöhungen bei unverändertem Leistungsziel nicht Zusatzleistungen seien. Der Gedanke ist dem Urteil des Bundesgerichtshofs vom 13.7.1961[37] entnommen. Wenn aber statt eines Durchgangskühlschrankes deren zwei notwendig werden, dann dürfte diese Änderung nicht mit einer Massenmehrung zu vergleichen sein. Man stelle sich vor, daß das Leistungsverzeichnis keinen einzigen Durchgangskühlschrank enthalten hätte und in den Plänen erstmals einer eingezeichnet gewesen wäre. Hätte der Fall anders behandelt werden sollen?

Soll der Vertrag den Unternehmer also zum Einbau des zweiten Kühlschrankes verpflichten, ohne daß sich sein Vergütungsanspruch um diese Kosten erhöht? So sieht es das OLG Stuttgart offensichtlich. Denn es spricht dem Bauunternehmer die Kosten hier nur als Schadensersatz aus Verschulden bei der Vertragsanbahnung (culpa in contrahendo) zu. Der Unternehmer habe auf die Richtigkeit des Leistungsverzeichnisses und auf seine Fortgeltung auch nach Überreichung der Pläne vertrauen dürfen. Der Anspruch gehe ausnahmsweise als Erfüllungsschaden auf die Differenz zwischen vereinbarter und hypothetischer Vergütung. Die Klägerin sei daher so zu stellen, wie sie bei richtiger Ausschreibung gestanden hätte. Diesen Lösungsweg vertritt Englert auch für über die Leistungsbeschreibung hinausgehenden Mehraufwendungen im Tiefbau.[38]

f) Ergebnis

In fünf Fällen hat die beschriebene Leistung nicht ausgereicht, das Bauwerk in der gewünschten Weise fertigzustellen. Es bedurfte jeweils zusätzlicher, in der Beschreibung nicht enthaltener Bauteile, um das Bauwerk zu einem tauglichen zu vollenden:

– fünf zusätzlicher Heizregister,
– der Neuverlegung des Rinnsteins,
– einer Kellerabdichtung gegen Druckwasser,
– der Isolierung der Altwand gegen Feuchtigkeit und
– eines zweiten Durchgangskühlschranks.

---

36 Vgl. dazu im einzelnen Kapellmann/Schiffers, Band 2, Pauschalvertrag, Rdn. 1123 f.
37 Schäfer/Finnern, Z 2.300 Bl. 11 = BB 1961, 989.
38 Englert/Grauvogl/Maurer, Rdn. 117.

Die erste Frage, ob der ursprüngliche Vertrag die Pflicht beinhaltet hat, die zur Vollendung notwendigen, aber nicht vorgesehenen Teile einzubauen, wird

– verneint vom OLG Düsseldorf in der Entscheidung Rinnsteinerneuerung und
– bejaht in den vier anderen Urteilen, insbesondere auch vom BGH.

Viermal wird damit der Erreichung des Gesamterfolges der Vorrang eingeräumt, einmal der Einhaltung des vereinbarten Leistungsrahmens. Diese Entscheidung Rinnsteinerneuerung des OLG Düsseldorf schützt den Bauherrn vor Zahlungspflichten, zu denen er nicht sein vorheriges Einverständnis gegeben hat. Unbeantwortet läßt die Entscheidung die Frage, ob als Konsequenz das vereinbarte Bauwerk unfertig bleiben soll, wenn der Bauherr die zusätzliche Vergütung verweigert.

Die vier die Einbaupflicht bejahenden Entscheidungen müssen sich der Anschlußfrage zuwenden, ob die notwendigen zusätzlichen Bauteile eine zusätzliche Vergütung nach sich ziehen. Die Frage wird

– verneint in der Entscheidung Durchgangskühlschrank des OLG Stuttgart, allerdings unter gleichzeitigem Zusprechen eines Schadensersatzanspruches aus Verschulden bei der Vertragsanbahnung, und

– bejaht vom BGH in den Entscheidungen Schwimmbadheizregister und Kellerabdichtung I sowie vom OLG Düsseldorf in der Entscheidung Kellerabdichtung II.

Diese drei im Ergebnis übereinstimmenden Entscheidungen differieren allerdings in den Begründungen. Indem sie im Ergebnis übereinstimmend dem Grundsatz zum Durchbruch verhelfen, daß zusätzliche Leistungen auch nach zusätzlicher Vergütung verlangen, nehmen sie auf der anderen Seite in Kauf, dem Bauherrn eine Zahlungspflicht aufzuerlegen, mit der er sich nicht vorher einverstanden erklärt hat. Wenn der Auftraggeber darauf verweist, nur bis zur Höhe der vorher vereinbarten Vergütung über Finanzmittel zu verfügen und zu Mehrzahlungen nicht in der Lage zu sein, welche Rechtsgrundlage soll ihn dann ohne seine Einwilligung zur Zusatzzahlung verpflichten? Wie ist dieser Konflikt zu lösen?

2 Vergrößerung vorgesehener Bauteile

Statt zusätzlicher Bauteile können nicht vorgesehene Vergrößerungen oder Erweiterungen notwendig werden, um dem Werk zur Funktionsfähigkeit zu verhelfen. Die Erfahrung, daß beim Bauen die vorausberechneten Mengen an Erdaushub, Mauerwerk oder Putzfläche usw. in der Regel nicht mit den tatsächlich ausgeführten übereinstimmen, hat zu der vorzugsweise gewählten Preisvereinbarung pro Maßeinheit und der damit nur vorläufigen Ermittlung des Gesamtpreises geführt (§ 5 Nr. 1 VOB/A, § 2 Nr. 2 VOB/B). Beide Parteien wissen damit, daß die endgültige Höhe des Gesamtpreises vom Aufmaß der jeweiligen Leistung abhängt.

Zweifelhaft kann lediglich die Frage sein, ob die Volumenerweiterung noch unter die Leistungsposition fällt oder eine neue Leistung eigener Art ist. Das zeigt der vierte der im folgenden behandelten Fälle. Haben die Parteien aber einen Pauschalpreis vereinbart und damit das Aufmessen der Leistungen ausgeschlossen, wie in den den ersten drei Entscheidungen zugrundeliegenden Fällen geschehen, stellt sich die Frage, inwieweit die Pauschalpreisvereinbarung Mengenabweichungen einschließt, die sich als eine Abweichung von der Leistungsbeschreibung darstellen. Soweit notwendige Volumenerweiterungen als über die vereinbarte Leistung hinausgehend einzuordnen sind, stellt sich auch hier wieder die Frage, ob ein entsprechender zusätzlicher Vergütungsanspruch ohne die Einwilligung des Auftraggebers entstehen kann.

a) Wassergehalt Baugrund Straße, BGH vom 23.3.1972[39]

Zwischen zwei Mehrfamilienhäusern ist eine Straße zu einem Pauschalpreis zu verlegen. Dem Vertrag liegen diesmal die Bestimmungen des BGB zugrunde. Wegen der Wasserhaltigkeit des Baugrundes muß der Straßenkörper breiter und tiefer gebaut werden. Dadurch verdoppeln sich die Kosten. Sie sind nicht kalkuliert. Der Auftraggeber beruft sich auf den Pauschalpreis sowie die zusätzlich abgegebene „Handwerkerverpflichtungserklärung", in dem Pauschalpreis seien alle Arbeiten und Leistungen enthalten, die zur ordnungsmäßigen und vollständigen Durchführung und Fertigstellung des Bauvorhabens gehören. Nachforderungen, gleich, aus welchem Grunde, seien ausgeschlossen. Muß der Unternehmer das vergrößerte Volumen ohne Zusatzvergütung leisten?

Der BGH stellt zunächst zu dem Widerstreit zwischen Leistungsbeschreibung und Leistungsziel folgendes fest:

---
39 Schäfer/Finnern, Z 2.301 Bl. 46.

Die Parteien haben in dem Vertrag die Werkleistungen nicht etwa nur durch die Angabe über die Fläche und Decke der herzustellenden Straße gekennzeichnet. Vielmehr sind auch die Ausführungsart und damit zugleich die Bautiefe insbesondere durch die Angaben über die anzulegenden verschiedenen Schichten näher bestimmt.

Der BGH folgert daraus, daß der Unternehmer zu erforderlichen Mehr- und Nebenleistungen nur insoweit verpflichtet ist, als es um die Herstellung der Straße in der vereinbarten Größe und Ausführungsart geht.

Jedoch ist dem Vertrag keine Verpflichtung zu zusätzlichen Arbeiten zu entnehmen, durch die die Straße vergrößert oder in der Ausführungsart insbesondere durch tieferen Bau und durch vermehrte Schichten erweitert wurde.

Das ist erstaunlich. Soll das heißen, der Unternehmer soll sich an die vorgegebene Bautiefe halten, selbst wenn er erkennt, daß die Straße dann in kurzer Zeit wegsacken wird? In dieser Konsequenz hat sich dem BGH die Frage nicht gestellt, denn der Unternehmer hatte gehandelt, wie jeder andere es auch getan hätte, und den Bodenaustausch auf das erforderliche Maß erweitert. War das ein Fehler? Hätte der Unternehmer die Arbeit unterbrechen und die Fortsetzung von der Erteilung eines Zusatzauftrages abhängig machen sollen?

Das ist offenbar die Meinung des BGH. Denn einen vertraglichen Anspruch auf zusätzliche Vergütung verneint er. Weder sei vor der Ausführung ein besonderer Auftrag erteilt worden noch seien die technischen Anordnungen der Bauleitung des Auftraggebers rechtsgeschäftlichen Erklärungen gleichzusetzen. Der BGH hält daher allenfalls Ansprüche aus ungerechtfertigter Bereicherung für möglich. Um diese zu prüfen, hat er den Fall an das Berufungsgericht zurückverwiesen.

Bemerkenswert ist der Widerspruch zum Urteil Kellerabdichtung I des BGH.[40] Die Tatsache, daß dem einen Urteil die Bestimmungen der VOB, dem anderen die des BGB zugrunde gelegt wurden, erklärt nicht, warum in einem Fall der Vertrag die Pflicht zur in der Beschreibung nicht enthaltenen Druckwasserisolierung einschließen, im anderen Fall die notwendige Verbreiterung und Vertiefung des Straßenkörpers aber nicht zur Leistungspflicht gehören sollte. Sind beides doch notwendige Zusatzmaßnahmen, um die Tauglichkeit des jeweiligen Bauwerks sicherzustellen.

---

40 Vgl. oben II, 1, c.

b) Fundamentverstärkung, OLG Düsseldorf, 22. Zivilsenat, vom 17.5.1991[41]

Ein Einfamilienhaus (Grundfläche 245 qm) ist zu einem Pauschalpreis zu errichten. Auch hier liegen dem Vertrag die Bestimmungen des BGB zugrunde. Beim Aushub trifft der Unternehmer auf einen Bombentrichter, der mit loser Asche aufgefüllt ist. Das erfordert eine Verstärkung der Fundamente von 0,80 m auf 1,50 m. Die dadurch entstandenen Mehrkosten meldet er an, der Auftraggeber beruft sich aber auf den Pauschalpreis. Muß der Unternehmer die Fundamente vergrößern?

Ebenso wie zuvor der BGH verlangt auch das OLG Düsseldorf einen ausdrücklichen oder zumindest stillschweigenden Zusatzauftrag. Also sieht es aufgrund des ursprünglichen Vertrages den Unternehmer nicht zur Vergrößerung der Fundamente verpflichtet. Auch in diesem Fall blieb dem Gericht die Frage nach den Konsequenzen seiner Beurteilung erspart, weil der Prozeß lange Zeit nach der Fertigstellung auf den verbreiterten Fundamenten stattfand. Mangels eines Auftrages, der weder ausdrücklich noch stillschweigend erteilt sei, fehle es an einer Grundlage für den Mehrvergütungsanspruch. Das Gericht meint also, der Unternehmer sei nicht legitimiert gewesen, der Not folgend das Volumen seiner Leistung zu erweitern und einen entsprechenden zusätzlichen Vergütungsanspruch entstehen zu lassen. Dem Schutz des Auftraggebers vor ungeplanten Zahlungspflichten wird der Vorrang eingeräumt. Anders als der BGH hat das OLG Düsseldorf aber nicht einmal die Ansprüche aus ungerechtfertigter Bereicherung geprüft, so daß im Ergebnis dem Bauherrn die Fundamentverbreiterung kostenlos zugefallen ist.

c) Tieferaushub Fernleitung, OLG Düsseldorf, 19. Zivilsenat, vom 30.11.1988[42]

Eine Fernleitung ist zu einem Pauschalpreis in die Erde zu verlegen. Einerseits sind Grundlage der Preispauschalierung die Seiten 2 bis 75 des Leistungsverzeichnisses, die Rohrgräben in der Hauptsache mit einer Aushubtiefe bis 1,20 m und nur für relativ geringe Längen bis zu 2 m mit Verbau vorsehen. Andererseits heißt es im Vertrag, der Pauschalfestpreis beinhalte alle Kosten, Aufwendungen und Massen zur Erstellung der fix und fertigen Anlage und decke alle Arbeiten ab, um die vorgesehene erdverlegte Fernleitungstrasse auszuführen. Tatsächlich werden anstelle der 1,2 m tiefen Rohr-

---

41 BauR 1991, 749.
42 BauR 1989, 483.

gräben in erheblicher Länge solche von 2 m Tiefe notwendig. Nicht nur wegen der Mehrmassen, sondern auch wegen des damit notwendig gewordenen Baugrubenverbaus sind die Mehrkosten erheblich. Soll der Unternehmer bis zu einer Zusatzbeauftragung die Arbeit einstellen?

Wegen der Widersprüchlichkeit im Vertrag, der Komplettheitsklausel einerseits und der Einbeziehung des detaillierten Leistungsverzeichnisses andererseits, ging das Gericht davon aus, daß eine vertragliche Vereinbarung über die Vergütung von Mehrtiefen nicht getroffen sei. Es müsse deshalb die nachrangig in den Vertrag einbezogene VOB angewendet werden. Aus § 2 Nr. 7 Abs. 1 S. 4 VOB/B i.V.m. § 2 Nr. 6 Abs. 1 VOB/B ergebe sich, daß die Leistungen, die über die nähere Bestimmung im Leistungsverzeichnis hinausgingen, als später geforderte Zusatzarbeiten von dem Pauschalpreis nicht erfaßt und daher zusätzlich zu vergüten seien und beruft sich auf das Urteil Kellerabdichtung I des BGH.[43] Der Auftraggeber habe die Leistung durch Übergabe der entsprechenden Längsschnitte auch gefordert, er habe lediglich eine besondere Vergütungspflicht abgelehnt. Diese Ablehnung steht nach Ansicht des Gerichts dem Entstehen eines vertraglichen Vergütungsanspruchs nicht entgegen.

Im übrigen werde eine im Vertrag nicht vorgesehene Leistung auch dann „gefordert", wenn sie notwendig sei, meint das Gericht unter Verweisung auf die Entscheidung Schwimmbadheizregister des BGH.[44] Im Gegensatz zum OLG Stuttgart in seinem Fall Durchgangskühlschrank[45] hat dieses Gericht keine Bedenken, die Tieferlegung als zusätzliche Leistung im Sinne des § 2 Nr. 6 VOB/B anzusehen, obwohl der Aushub an sich schon grundsätzlich im Leistungsverzeichnis enthalten war. Kapellmann/Schiffers stimmen der Einordnung als zusätzliche Leistung zu mit der Begründung, die ursprüngliche Ausschachtungstiefe habe zum Bausoll gehört, ändere sich die Tiefe, so sei das nicht eine bloße Mengenmehrung.[46]

Dieses Urteil mutet im Gegensatz zu den beiden vorigen dem Auftraggeber eine nicht erwartete zusätzliche Geldausgabe zu, indem es die auf das technische beschränkte Aufforderung (Übergabe der Pläne) als ein Verlangen nach § 2 Nr. 6 VOB/B behandelt und darüber hinaus einen bewußten Rechtsfolgewillen auf seiten des Auftraggebers nicht verlangt.

---

43 Siehe oben II, 1, c.
44 Vgl. oben II, 1, a.
45 Vgl. oben II, 1, e.
46 Kapellmann/Schiffers, Bd. 2, Pauschalvertrag, Rdn. 234 sowie dazu die Fußnote 237.

d) Tieferaushub Straße, Urteil des OLG Düsseldorf, 23. Zivilsenat, vom 13.3.1990[47]

Für den Bau einer neuen Straße hat der Unternehmer mit der auftraggebenden Stadt nach vorangegangener öffentlicher Ausschreibung einen Einheitspreisvertrag abgeschlossen. Aus der Gesamtstraßenfläche von 4.200 qm und den 2.700 cbm der Position Bodenaushub hat er eine Aushubtiefe von 0,65 m errechnet. Als er bei Erreichen dieser Tiefe mangelnde Tragfähigkeit des Bodens feststellt, weist er gemäß § 4 Nr. 3 VOB/B seinen Auftraggeber auf Bedenken hin und erhält die Anordnung, so tief auszuheben, daß er auf tragfähigen Boden trifft. Mit zunehmender Tiefe erhöhen sich aber die Kosten pro Kubikmeter. Er meldet Mehrkosten in Höhe von DM 38,70/cbm anstelle der vertraglich vereinbarten DM 9,61/cbm an. Der Auftraggeber akzeptiert zwar die Mehrmassen, beharrt jedoch auf dem vertraglichen Einheitspreis. Steht dem Unternehmer trotz des entgegenstehenden Willens seines Auftraggebers eine zusätzliche Vergütung zu?

Das Gericht hat den erhöhten Einheitspreis aufgrund der Vorschrift des § 2 Nr. 5 VOB/B zugesprochen. Gehe man davon aus, daß der Ausschreibung ein Erdaushub bis zu circa 0,65 m zugrunde gelegen habe, so liege in der nach Vertragsabschluß erfolgten Anordnung der Beklagten, den Boden so weit und so tief auszuheben, bis tragfähiger Baugrund erreicht werde, eine Änderung des Bauentwurfes im Sinne des § 2 Nr. 5 VOB/B. Die Feststellung des tragfähigen Bodens und damit der Aushubgrenze sei dem Verantwortungsbereich des Auftraggebers zuzuordnen. Da das Leistungsverzeichnis nicht erkennbar lückenhaft gewesen sei, habe der Unternehmer nicht mit einem tieferen Erdaushub rechnen müssen. Auch dieses Gericht kommt für seine Urteilsfindung ohne vorherige Einwilligung des Auftraggebers in die Mehrkosten aus, indem es die rein technische Änderungsanordnung genügen läßt.

Kapellmann/Schiffers stimmen ebenso wie beim vorangegangenen Fall Tieferaushub Fernleitung dem Ergebnis zu und lehnen lediglich die vom Gericht vorgenommene Einordnung des Tieferaushubes als geänderte Leistung ab mit der Begründung, der Aushub „bis 0,65 m Tiefe" sei unverändert geblieben, es sei aber eine weitere Position hinzugekommen, nämlich Ausschachten ab 0,66 m Tiefe.[48] Das sei eine Zusatzleistung nach § 2 Nr. 6 VOB/B.

---

47 BauR 1991, 219; Schäfer/Finnern/Hochstein, Nr. 5 zu § 2 VOB/B (1973).
48 Kapellmann/Schiffers, Bd. 2, Pauschalvertrag, Rdn. 442.

e) Ergebnis

Viermal ging es um notwendige Vergrößerungen von Bauteilen, ohne die die Bauwerke nicht hätten vollendet werden können. Die auch hier als erste zu stellende Frage, ob auch ohne Zusatzauftrag bereits der ursprüngliche Vertrag zur Ausführung der jeweiligen Leistungserweiterung verpflichtet, wird

— verneint in den Entscheidungen Wassergehalt Baugrund Straße des BGH und Fundamentverstärkung des OLG Düsseldorf und

— bejaht in den Entscheidungen Tieferaushub Fernleitung und Tieferaushub Straße des OLG Düsseldorf.

Bemerkenswert ist, daß die beiden die Vergütung ablehnenden Urteile nach den Bestimmungen des BGB entschieden worden sind, die beiden zusprechenden Urteile dagegen nach denen der VOB. Der Unterschied besteht darin, daß nach dem BGB die Änderung des Inhalts eines Vertrages nur über einen Vertrag möglich ist (§ 305 BGB), nach der VOB dagegen auch durch einseitige Erklärung des Auftraggebers aufgrund der ihm in § 1 Nr. 3 VOB/B eingeräumten Option, Änderungen des Bauentwurfes anzuordnen, sowie der in § 1 Nr. 4 VOB/B eingeräumten weiteren Option, nicht vereinbarte Leistungen zu fordern, die zur Ausführung der vertraglichen Leistung erforderlich werden. Der Unterschied besteht allein in der Zustimmungsbedürftigkeit auf seiten des Unternehmers, die jeweilige Willenserklärung des Auftraggebers ist sowohl nach dem BGB wie nach der VOB die gleiche. Die Unterschiedlichkeit der zugrundegelegten Regelwerke kann daher die Unterschiedlichkeit der Ergebnisse nicht erklären.

Ebenso wie bei der Entscheidung Rinnsteinangleichung[49] aus dem Komplex „Einbau zusätzlicher Teile" lassen hier die beiden die Vertragspflicht verneinenden Urteile — Wassergehalt Baugrund Straße und Fundamentverstärkung — die Frage unbeantwortet, ob es im Sinne des Auftraggebers gewesen wäre, die vermeintlich vertragslose Volumenerweiterung zu unterlassen.

Zu der weiteren Frage der Vergütung der vertragsgemäßen Volumenerweiterung geben die beiden Urteile des OLG Düsseldorf — Tieferaushub Straße und Tieferaushub Fernleitung — insofern ein Rätsel auf, als der identische Tatbestand, nämlich der Tieferaushub, in einem Fall als zusätzliche Leistung nach § 2 Nr. 6 VOB/B und im anderen Fall als geänderte Leistung nach § 2 Nr. 5 VOB/B behandelt wird.

---

49 Siehe II, 1, b.

Der bisherige Blick in die Rechtsprechung hat uns der Lösung des Konfliktes zwischen der Einhaltung des vorgesehenen Kostenrahmens und der zwingenden Notwendigkeit der Leistungserweiterung zur Vollendung des Bauwerks als taugliches nicht nähergebracht.

3 Zusätzliche Verfahrensleistungen

Mehrkosten verkörpern sich nicht nur in zusätzlichen Einbauten oder Volumenvergrößerungen im Bauwerk, sie können auch in rein verfahrensmäßigen Mehraufwendungen liegen, und zwar bezogen auf die Leistungsbeschreibung. Da die in ihr enthaltenen Verfahrenshinweise als Kalkulationsgrundlage dienen, sind Abweichungen in den Preisen nicht berücksichtigt.

Fälle dieser Art treten besonders in zwei Arbeitsbereichen auf, der Wasserhaltung für Baugruben und den Bodenverhältnissen für den Erdbauer. Um derartige Leistungen in etwa kalkulierbar zu machen, läßt der Auftraggeber vor der Ausschreibung die Boden- und Wasserverhältnisse begutachten. Diese Gutachten werden in der Regel in die Leistungsbeschreibung einbezogen. Da das Erdreich aber in seiner Vielfältigkeit sich einer vollständigen Erfassung durch Probebohrungen entzieht, können solche Gutachten nur annähernd die in der Tiefe schlummernden Geheimnisse offenlegen. Beginnt der Unternehmer, sich in die Tiefe vorzuarbeiten, erlebt er allzu häufig unangenehme Überraschungen. Entweder schießt ihm das Schichtenwasser in nicht vorgesehener Heftigkeit in die Baugrube oder der Bagger schafft es nicht, den anstehenden Boden zu lösen. In Fällen dieser Art muß der Unternehmer mit dem im Einzelfall erforderlichen Mehraufwand weiterarbeiten, solange sein Auftraggeber nicht wegen der aufgetretenen Erschwernisse das Bauvorhaben aufgibt.

Wenn der Bauunternehmer ihm vorhält, die Grundwasser- und Bodenverhältnisse seien anders als in der Leistungsbeschreibung dargestellt, die Leistung würde daher nicht nur länger dauern, sondern auch teurer werden, entsteht regelmäßig Streit darüber, ob dies wirklich zutrifft. Keine Partei ist in der Lage, in der gebotenen Schnelligkeit der anderen Seite mit überzeugendem Beweis ihre Sicht der Verhältnisse darzulegen. Die entscheidende Frage, ob die angetroffenen Grundwasser-, Bodenverhältnisse oder sonstigen Rahmenbedingungen aus der Leistungsbeschreibung zu erkennen und mithin einzukalkulieren waren, ist meist nur durch Sachverständigengutachten zu klären. Ehe ein solches vorliegt, weiß der Unternehmer nicht, ob die Leistung, die ihm abverlangt wird, als von der Leistungsbeschreibung abweichend anerkannt wird.

Seine erste Frage, ob er zu der abweichenden Leistung überhaupt verpflichtet ist, kann also nur in folgender Form gestellt werden: Wenn sich die Abweichung bestätigt, ist er dann zur erweiterten Leistung verpflichtet? Die Antwort, wie immer sie ausfällt, ist für den Bauunternehmer ohne Nutzen, weil sie zu lange auf sich warten läßt. Er muß sich sofort entscheiden, der Bau muß weitergehen. Da er mit der Möglichkeit rechnen muß, daß abweichende Verhältnisse am Ende nicht bestätigt werden, würde die Berufung auf fehlende Leistungspflicht zu einer vertragswidrigen Leistungsverweigerung führen, die Schadensersatzpflichten in nicht kalkulierbarer Höhe zur Folge hätte.[50] Will er dieses Risiko vermeiden, bleibt ihm keine andere Wahl, als sich zur erweiterten Leistung verpflichtet zu betrachten, solange der Auftraggeber ihn nicht von ihr entbindet. Der Bauunternehmer kann sich die Frage nach seiner Leistungspflicht also schenken.

Aber er will Vergütung für die zusätzliche Leistung. Welche Norm verschafft ihm den Anspruch auf zusätzliche Vergütung? Das Bauwerk ist inzwischen fertiggestellt. Eine Änderung des Vertrages und damit eine Änderung der vertraglichen Vergütung hat nicht stattgefunden. Hat der Auftraggeber den Bauentwurf geändert oder eine Änderungsanordnung getroffen, § 1 Nr. 3, § 2 Nr. 5 VOB/B? Er wird erstaunt fragen, was er denn veranlaßt habe, er habe doch lediglich auf die Vorhaltungen seines Auftragnehmers reagiert. Mangels irgendeiner Initiative wird er auch von sich weisen, eine im Vertrag nicht vorgesehene Leistung gefordert zu haben, § 1 Nr. 4, § 2 Nr. 6 VOB/B. War der Mehraufwand also eine auftraglose Leistung, die nach § 2 Nr. 8 VOB/B zu vergüten ist? Das begreift wiederum der Unternehmer nicht, der sich in der vertraglichen Pflicht gesehen hat, sein Werk zu vollenden.

Wie also bekommt der Bauunternehmer seine zusätzliche Vergütung? Die Behandlung dieses Konfliktes in der Rechtsprechung wird in die Problembereiche Grundwasserverhältnisse, Bodenverhältnisse und sonstige Verfahrensbeschreibungen aufgeteilt.

a) Geänderte Wasserhaltung

Wasserhaltung ist die Freihaltung einer Baugrube von Grundwasser. Welcher Aufwand erforderlich ist, die Baugrube ausreichend trocken zu halten, ist von zwei Bedingungen abhängig, zum einen von der Höhe des Grundwasserspiegels und zum anderen von der Durchlässigkeit des die Baustelle umgebenden Bodens. Will der Unternehmer die Kosten der Wasserhaltung kalkulieren, ist er auf die Nennung dieser beiden Bedingungen in der Lei-

---

50 Vgl. BGH vom 12.6.1980, Schäfer/Finnern/Hochstein, Nr. 2 zu § 8 VOB/B (73) = BauR 1980, 465 = ZfBR 1980, 229.

stungsbeschreibung angewiesen. Nur dann kann er abschätzen, ob er beispielsweise mit einer offenen Wasserhaltung auskommt, bei der das Grundwasser an einer vertieften Stelle gesammelt und von dort abgepumpt wird. Wenn es einer Grundwasserabsenkung oder geschlossenen Wasserhaltung bedarf, werden um die Baustelle herum eine Reihe von Filterbrunnen ins Erdreich eingebracht und mit ihrer Hilfe der Grundwasserspiegel abgesenkt.

aa) Wasserhaltung Kanalisation (frivol), BGH vom 25.2.1988[51]

In den Jahren 1980/81 schreibt eine Gemeinde für ein Neubaugebiet die Kanalisationsleitungen aus. Die Leistungsbeschreibung verweist auf ein Gutachten zu den Untergrund- und Grundwasserverhältnissen im Baugebiet. Nach Einblick in dieses Gutachten und Besichtigung des Baugeländes bietet die aus zwei Unternehmern bestehende Arbeitsgemeingschaft die Gesamtleistung an. Die Wasserhaltung wird mit DM 2,00/lfd.m Kanalstrecke angeboten. Kurz nach Baubeginn melden die Unternehmer erhöhte Wasserhaltungskosten an. Sie sind beträchtlich, belaufen sich auf DM 485.000,00, mehr als ein Viertel der Auftragssumme von DM 1,6 Mio.

Der BGH hat es abgelehnt, den erhöhten Aufwand als im Vertrag nicht vorgesehene Leistung im Sinne des § 2 Nr. 6 VOB/B anzusehen. Anders als in der Entscheidung Schwimmbadheizregister[52] hat er hier die Leistungspflicht als von vornherein auf die Herstellung der gesamten im Los 2 enthaltenen Kanalisation gerichtet gesehen.

Ohne auf die Frage einzugehen, ob die Leistungsbeschreibung den tatsächlich erforderlich gewordenen Aufwand für die Wasserhaltung erkennen ließ, verneint der BGH also eine zusätzliche Leistung unter Hinweis auf den geschuldeten Gesamterfolg, die Vollendung der Kanalisation. In seinem Kellerabdichtungsurteil I[53] vom 22.3.1994 hatte sich der BGH dagegen nicht gehindert gesehen, hinsichtlich der Abdichtung gegen drückendes Wasser eine zusätzlich zu vergütende Leistung anzunehmen, obwohl auch sie zur geschuldeten Schlüsselfertigkeit der Eigentumswohnanlage gehörte. Darin widersprechen sich die beiden Entscheidungen.

Wenn die Fertigstellung der Kanalisation zu der vereinbarten Vergütung geschuldet wird, und zwar ohne Rücksicht auf die Kosten, bleibt die Frage, ob das Zustandekommen dieses sich nachträglich als verlustbringend erweisen-

---
51 BauR 1988, 338 = Schäfer/Finnern/Hochstein, Nr. 1 zu § 9 VOB/A (1973) = ZfBR 1988, 182 = NJW-RR 1988, 785.
52 Vgl. oben II, 1, a.
53 Vgl. oben II, 1, c.

den Vertrages vom Auftraggeber schuldhaft herbeigeführt ist und daraus Ansprüche aus Verschulden bei der Vertragsanbahnung, culpa in contrahendo, hergeleitet werden können. Ähnlich wie später das OLG Stuttgart in seinem Durchgangskühlschrankfall hat auch hier das Berufungsgericht (OLG Frankfurt) diesen Schadensersatzanspruch bejaht. Die ausschreibende Gemeinde habe entgegen § 9 Nr. 4 Abs. 4 VOB/A die mit Sicherheit im Rahmen der Kanalbaumaßnahmen anfallenden Wasserhaltungsarbeiten ohne ausreichende Vorausfeststellungen und ohne genaue Detailangaben über die Boden- und Grundwasserverhältnisse ausgeschrieben. Damit habe sie unzulässigerweise versucht, den Bietern das Risiko von Fehleinschätzungen aufzubürden. Weil es darum gehe, dem in § 2 Nr. 6, Nr. 8 Abs. 2 VOB/B zum Ausdruck kommenden Billigkeitsgedanken zum Durchbruch zu verhelfen, könnten die Unternehmer ausnahmsweise das Erfüllungsinteresse verlangen, also die volle Vergütung der erbrachten Mehrleistung.

Der BGH hat das Urteil aufgehoben und ausgeführt, nach den eigenen Feststellungen des Berufungsgerichts hätte dem Unternehmer klar sein müssen, daß die Boden- und Wasserverhältnisse nur unvollständig angegeben worden seien. Da das Bodengutachten keine Wasserdurchlässigkeitswerte enthalten habe, seien von vornherein nur grobe Schätzungen in Betracht gekommen. Hätten die Unternehmer sich darauf nicht einlassen wollen, hätten sie den Auftraggeber auffordern müssen, die Ausschreibungsunterlagen zu ergänzen. Letztlich könne es darauf aber nicht ankommen, weil von enttäuschtem Vertrauen als Voraussetzung der Haftung keine Rede sein könne. Das zeige sich schon darin, daß die Arbeitsgemeinschaft die Wasserhaltung mit DM 2,00/lfd.m angeboten habe, während einer der Arge-Partner, der das benachbarte Los 1 bereits abgewickelt habe, dort DM 75,00/lfd.m gefordert habe. Wer so „ins Blaue", wenn nicht sogar „spekulativ" handele, könne sich auf enttäuschtes Vertrauen nicht berufen.

Kapellmann/Schiffers merken an, daß dieses Urteil von so manchem öffentlichen Auftraggeber dazu verwendet worden ist, eigene Ausschreibungsfehler dem Bieter als „Kalkulation ins Blaue hinein" in die Schuhe zu schieben.[54] Mit Vygen[55] ist die Frage zu stellen, ob das Verschulden bei der Vertragsanbahnung in diesem Falle nicht beim Bauunternehmer zu suchen ist. Er hat einen Ausschreibungsfehler erkannt, aber ihn für sich behalten. Dieser Pflichtverletzung kann dadurch Rechnung getragen werden, daß die Vergütung für die Mehrleistung gekürzt wird um den Schadensersatz aus culpa in contrahendo.

---

54 Kapellmann/Schiffers, Bd. 2, Pauschalvertrag, Rdn. 570.
55 Vygen/Schubert/Lang, Rdn. 156.

bb) Wasserhaltung Polder, BGH vom 9.4.1992[56]

Ein Hochwasser-Rückhaltebecken ist zu bauen. Gemäß Ziff. 2.3 und 2.4 des Leistungsverzeichnisses sind 1.600 cbm Boden aus einer Tiefe von 6,85 m innerhalb der gespundeten Baugrube auszuheben und ein verdichtungsfähiger Kies einzubringen und zu verdichten. Auf die der Ausschreibung beigefügte Gründungsempfehlung der Grundbauingenieure wird verwiesen. Die Wahl der Wasserhaltung ist dem Unternehmer überlassen. Als eine Tiefe von 3 m erreicht ist, äußert das aufsichtsführende Ingenieurbüro Bedenken gegen die Fortsetzung der bis dahin praktizierten offenen Wasserhaltung. Wegen des Grundwasserstandes außerhalb des Spundwandkastens befürchtet es einen hydraulischen Grundbruch. Der Unternehmer teilt zwar nicht die Bedenken, fügt sich aber und richtet eine geschlossene Wasserhaltung ein, indem er außerhalb des Spundwandkastens acht Brunnen setzt. Die Mehrkosten meldet der Unternehmer nach § 2 Nr. 5 VOB/B, Änderung des Bauentwurfs beziehungsweise anderweitige Anordnung, bei seinem Auftraggeber an. Er habe nach den Ausschreibungsunterlagen davon ausgehen dürfen, daß eine offene Wasserhaltung innerhalb des Spundwandkastens ausreiche. Tatsächlich habe der Grundwasserstand entgegen den Angaben im Gründungsgutachten nicht NN+103,5 m, sondern NN+105,25 m betragen.

Der Auftraggeber lehnt den Anspruch ab mit der Begründung, die vom Unternehmer kalkulierte offene Wasserhaltung sei von vornherein nicht durchführbar gewesen. Sowohl der angetroffene Grundwasserstand als auch die erforderliche Absenktiefe seien aus dem Leistungsverzeichnis und dem Gründungsgutachten ersichtlich gewesen.

Das Berufungsgericht hat den Anspruch nach § 2 Nr. 5 VOB/B zugesprochen. Wie sich aus dem in der ersten Instanz eingeholten Sachverständigengutachten ergebe, hätte die begonnene offene Wasserhaltung fortgesetzt, die anderen Maßnahmen mithin gespart werden können, wenn man nur Pegelrohre verwendet und die Absenkung geschickt gesteuert hätte. Es gebe keine Anzeichen dafür, daß der Unternehmer dazu nicht in der Lage gewesen sei. Die geschlossene Wasserhaltung gehe auf Anordnungen im Sinne des § 2 Nr. 5 VOB/B zurück, durch die die Grundlagen des Preises für eine im Vertrag vorgesehene Leistung geändert worden seien.

Der BGH hat das Urteil aufgehoben. Als Anordnung im Sinne des § 2 Nr. 5 VOB/B komme nur eine Erklärung in Frage, die die vertragliche Leistungspflicht erweitere. Sie sei zu unterscheiden von Anordnungen im Sinne

---

[56] BauR 1992, 759 = Schäfer/Finnern/Hochstein, Nr. 5 zu § 2 VOB/B (1973) = NJW 1992, 2823 = ZfBR 1992, 221 = NJW-RR 1992, 1046.

von § 4 Nr. 1 Abs. 3 VOB/B, durch die lediglich eine bereits bestehende Leistungspflicht konkretisiert oder eine vertragsgemäße Ausführung gewährleistet werden solle. Habe der Auftraggeber wegen der vorhandenen Risiken vernünftigerweise eine offene Wasserhaltung nicht hinzunehmen brauchen, habe der Unternehmer die Anordnung einer geschlossenen Wasserhaltung nur als solche nach § 4 Nr. 1 Abs. 3 VOB/B verstehen können. Ohne hierzu weitere Feststellungen zu treffen, hat der BGH die Sache trotz der von den Instanzgerichten bereits eingeholten Sachverständigengutachten an das Berufungsgericht zurückverwiesen.

Für den Auftraggeber bedeutet das, daß er erst nach einer weiteren nunmehr vierten Instanz die Chance hat, zu wissen, ob seine in technischer Hinsicht unstreitige Anordnung zu einer Anpassung der Vergütung verpflichtet. Die Frage des Erklärungswillens läßt der BGH unerörtert. Dieser ist gegen eine Verpflichtung zur Vergütungsanpassung gerichtet, sonst würde der Auftraggeber sich kaum so hartnäckig gegen das Verlangen des Unternehmers zur Wehr setzen. Die dem Berufungsgericht aufgetragenen weiteren Feststellungen zum Umfang der Vertragspflichten könnten also, so die Sicht des BGH, eine vergütungspflichtige Anordnung des Auftraggebers ergeben, obwohl er sich gegen die Vergütungspflicht sträubt. Kann es aber eine Willenserklärung ohne Erklärungswillen geben?

Die zweite Frage, die sich aus diesem BGH-Urteil ergibt, lautet: Worin liegt die zusätzliche vertragliche Leistungspflicht, die die Folge einer Anordnung nach § 2 Nr. 5 VOB/B sein muß? In Auftrag gegeben ist die Trockenlegung der durch die Spundwand umgrenzten Baugrube mittels Wasserhaltung. An dieser Leistungspflicht haben die Anordnungen nichts geändert. Sie betrafen zusätzliche Maßnahmen, das geforderte Ziel zu erreichen. Kann man aber von zusätzlichen Leistungspflichten sprechen, wenn die Maßnahmen zu nichts anderem als dazu dienen, Schwierigkeiten bei der Herstellung der baulichen Anlage, zu der der Unternehmer verpflichtet ist, zu überwinden?

Zu der Auslegung dieser Leistungsbeschreibung durch den BGH merkt Vygen kritisch an,[57] daß die Risiken einer unklaren Ausschreibung einseitig auf die Auftragnehmerseite verlagert würden. In gleichem Sinne äußert sich auch Kapellmann.[58] Das Urteil liegt in der Tat insofern auf der gleichen Linie wie das zuvor behandelte Urteil Wasserhaltung Kanalisation (frivol): Es belohnt den Auftraggeber, der die wirkliche Beschaffenheit der Grundwasserverhältnisse in seiner Leistungsbeschreibung offenläßt.

---

57 Vygen, IBR 1992, 349.
58 Kapellmann/Schiffers, Bd. 2, Pauschalvertrag, Rdn. 570.

cc) Wasserhaltung Weser, BGH vom 11.11.1993[59]

Wieder ging es um die Verlegung einer Kanalisation. Nach dem Wortlaut der Leistungsbeschreibung hat der Unternehmer die Kanalbaugrube durch Wasserhaltungsmaßnahmen seiner Wahl trocken zu halten. Er kalkuliert die Absenkung mittels Filterlanzen. Wegen der besonderen Durchlässigkeit des Sandbodens und der nahen Weser, so seine Argumente, reicht dieses Verfahren nicht aus, so daß er aufwendigere Brunnen bohren muß. Deren Kosten macht er geltend. Der Auftraggeber hält ihm entgegen, daß er auf variable Grundwasserstände hingewiesen und mithin ordnungsgemäß ausgeschrieben habe.

Der BGH stellt vorweg fest, daß eine Haftung aus Verschulden bei Vertragsabschluß, die das Berufungsgericht angenommen hatte, nur in Frage komme, wenn der Unternehmer verpflichtet gewesen sei, die fragliche Leistung ohne zusätzliches Entgelt zu erbringen. Zur Klärung der vertraglichen Ansprüche seien die Vereinbarungen auszulegen. Hierfür sei die Ausschreibung so zugrunde zu legen, wie sie der maßgebliche Empfängerkreis, also die potentiellen Bieter, hätten verstehen müssen. Im vorliegenden habe nach dem Wortlaut der Leistungsbeschreibung die Klägerin die Kanalbaugrube durch Wasserhaltungsmaßnahmen nach ihrer Wahl trockenzuhalten gehabt. Danach sei die geforderte Leistung über den zu erreichenden Erfolg vollständig beschrieben. Der Wortlaut decke Maßnahmen jeder Art ab, die erforderlich seien, dieses Ziel zu erreichen, und zwar einschließlich derer, um die hier gestritten werde.

Diese Worte klingen vertraut, decken sie sich doch inhaltlich mit den Feststellungen in den beiden zuvor behandelten Urteilen, nach denen mangels klarer Diskrepanzen zwischen der Leistungsbeschreibung und den erforderlich gewordenen Wasserhaltungsmaßnahmen jeglicher Aufwand von der Leistungspflicht des Unternehmers umfaßt ist. Im weiteren Urteilstext schränkt der BGH jedoch ein, daß trotz der erheblichen Bedeutung des Wortlauts Formen der Wasserhaltung, die völlig ungewöhnlich und von keiner Seite zu erwarten gewesen seien, möglicherweise nicht inbegriffen seien, weil gemäß § 133 BGB nicht am buchstäblichen Wortlaut zu haften sei. Auch müsse sich der Auftraggeber daran festhalten lassen, daß er gemäß § 9 VOB/A seinem Auftragnehmer kein ungewöhnliches Wagnis habe zumuten wollen. Was bedeutet diese Einschränkung für die Leistungspflicht des Unternehmers? Die Antwort des BGH lautet:

---

59 NJW 1994, 850 = ZfBR 1994, 115 = BauR 1994, 236 = Schäfer/Finnern/Hochstein, Nr. 3 zu § 9 VOB/A (1973).

Erweist sich bei dieser Auslegung die Leistungsbeschreibung hinsichtlich der hier streitigen Maßnahmen als unvollständig, ..., dann sind sie nicht Gegenstand der unmittelbar vertraglich geschuldeten Leistung, können also im VOB-Vertrag nur als zusätzliche Leistung geschuldet sein.

Der BGH bildet hier das Begriffspaar

— unmittelbar vertraglich geschuldete Leistung und
— als zusätzliche Leistung geschuldet.

Beide Leistungsvarianten werden als geschuldet bezeichnet. Da ein anderes Rechtsgeschäft als der ursprüngliche Vertrag nicht abgeschlossen ist, kommt nur dieser als Rechtsgrundlage in Frage. Beide Leistungsvarianten sind danach aufgrund des ursprünglichen Vertrages geschuldet. Hinsichtlich der Leistungspflicht unterscheiden sie sich danach nicht. Die Differenzierung kann sich nur auf die Vergütung beziehen. Sie bekommt einen Sinn, wenn die unmittelbar vertraglich geschuldete Leistung die ist, für die die Vergütung vereinbart ist, die geschuldete zusätzliche Leistung dagegen in dem Sinne zusätzlich ist, als sie zusätzlich zu vergüten ist. So müßte man die Entscheidungsgründe auslegen.

dd) Ergebnis

Ist der Unternehmer nach dem Vertrag zur teureren Wasserhaltung verpflichtet? Alle drei Urteile bejahen die Frage, allerdings mit unterschiedlichen Begründungen, nämlich

— im Rahmen der geschuldeten fertigen Kanalisation (Wasserhaltung Kanalisation [frivol]),
— aufgrund der technischen Anordnung (Wasserhaltung Polder) und
— als geschuldete zusätzliche Leistung (Wasserhaltung Weser).

Die Einbeziehung des Mehraufwandes in den geschuldeten Gesamterfolg in der ersten Entscheidung bewahrt den Bauherrn davor, mit Forderungen nach zusätzlicher Vergütung konfrontiert zu werden. Der Unternehmer muß die Mehrkosten tragen. Die Einschränkung dieser einseitigen Erfolgsbezogenheit in dem Urteil Wasserhaltung Weser eröffnet dem Unternehmer die Chance, auch ohne vorheriges Einverständnis des Auftraggebers eine zusätzliche Vergütung beanspruchen zu können für Formen der Wasserhaltung, die nach der Auslegung der Leistungsbeschreibung nicht zu erwarten waren. Dieses Ergebnis deckt sich mit dem Urteil Kellerabdichtung I.[60]

---

60 Vgl. oben II, 1, c.

Ob die geänderte Form der Wasserhaltung auf eine Anordnung des Auftraggebers oder seines Ingenieurbüros zurückgeht (Wasserhaltung Polder) oder auf einen eigenen Entschluß des Unternehmers (Wasserhaltung Weser), soll für die Entscheidung über die Zusatzvergütung unerheblich sein. In beiden Fällen entscheidet nach dem BGH der Vergleich der auszulegenden Leistungsbeschreibung mit der Realität. Bestätigt sich eine Abweichung, nimmt der BGH einmal eine Anordnung als eine leistungsändernde im Sinne des § 2 Nr. 5 VOB/B an (Urteil Wasserhaltung Polder), im anderen Fall eine vom Unternehmer erbrachte zusätzlich zu vergütende Leistung im Sinne des § 2 Nr. 6 VOB/B (Wasserhaltung Weser). Nach beiden rechtlichen Einordnungen hängt die vom Auftraggeber zu leistende Zusatzzahlung nicht von seinem vorher geäußerten rechtsgeschäftlichen Willen, sondern von den objektiven Gegebenheiten ab. Der BGH rückt damit von seiner Entscheidung Wassergehalt Baugrund Straße ab und stellt zugleich Übereinstimmung mit seiner Entscheidung Kellerabdichtung I her.

b) Geänderte Bearbeitung des Bodens

Für den Erdbauunternehmer ist der Boden das Arbeitsmaterial, aus dem er Bauwerke schafft. Den Mutterboden muß er zu diesem Zweck erst einmal beiseite schieben und kann ihn allenfalls wieder verwenden, wenn nach Vollendung des Erdbauwerks, beispielsweise eines Dammes, dieser wieder angedeckt und bepflanzt werden soll. Seinen Werkstoff, den Boden, muß er aus tieferen Lagen hervorholen. Deren Beschaffenheit wird üblicherweise im Rahmen der Planung einer Erdbaumaßnahme mittels Bodenproben festgestellt. Auf diesem Wege wird die Qualität der verschiedenen Schichten ermittelt.

Problematisch für den Erdbauunternehmer ist, daß diese Probebohrungen eine zuverlässige Auskunft nur über den Bereich der Bohrung selbst geben können, hinsichtlich der Nachbarschaft der Bohrung aber entsprechende Verhältnisse nur vermutet werden können. Insbesondere bei größeren Baumaßnahmen lehrt die Erfahrung, daß das Raster nicht eng genug gesetzt werden kann, um Überraschungen zwischen den Bohrlöchern auszuschließen. Der Begriff Erdreich deutet im Wortsinn den Reichtum des Erdbodens an Nährstoffen an. Für den Erdbauunternehmer allerdings wandelt sich die Bedeutung in einen Reichtum an Überraschungen, die ihm bei der Errichtung seines Bauwerks erhebliche Probleme bereiten können. Will er seine Werkleistung einigermaßen zuverlässig kalkulieren, ist er auf die zutreffende Beschreibung der Bodenverhältnisse angewiesen.

aa) Wassergehalt Felszerkleinerung, BGH vom 20.3.1969[61]

In den Jahren 1956 bis 1958 sind die Erdarbeiten für ein 4,7 km langes Autobahnstück auszuführen. Nach der Pos. 17 des Leistungsverzeichnisses sind 384.000 cbm Abtragsmassen aus einer Einschnittstrecke profilgemäß zu lösen, zur anschließenden Dammstrecke zu befördern und dort profilgemäß einzubauen und zu verdichten. Hinsichtlich der Bodenverhältnisse heißt es, die Abtragsmassen seien Böden der Ziff. 2.21 bis einschließlich 2.27 der DIN 18 300, Fassung 1958. Das umfaßt mit Ausnahme von schwerem Fels alles, was vorkommen kann, angefangen vom Mutterboden über Schlamm und Schluff, sandige Böden, Schotter bis zu leichtem Fels, das ist solcher, der nach der Ziff. 2.27 noch ohne Sprengarbeit gelöst werden kann. Nichts Böses ahnend bietet der Unternehmer die Bodenbewegung zum Preis von DM 1,88 pro Kubikmeter an. Bei der Ausführung stellt sich heraus, daß der Boden einen so hohen natürlichen Wassergehalt hat, daß er sich nicht vertragsgemäß verdichten läßt. Es muß der im Streckenabschnitt vorgefundene Fels auf Faustgröße zerkleinert und beigemischt werden.

Ist dies eine gegenüber dem Vertrag zusätzliche oder geänderte Leistung? Das meinte nicht nur der Unternehmer, sondern auch der vom Gericht eingesetzte Sachverständige. Die streitigen Mehrkosten beliefen sich auf DM 1,8 Mio. bei einer vom Auftraggeber anerkannten Abrechnungssumme von DM 3,4 Mio. (Preisniveau 1958).

Dem BGH lag dieser Fall 1969 zur Entscheidung vor. Im Einvernehmen mit dem Berufungsgericht war er nicht bereit, die Verarbeitung der wasserhaltigen Massen als außerhalb des Vertrages liegende Leistung anzuerkennen. In der entsprechenden Position des Leistungsverzeichnisses seien die Abtragsmassen als unter DIN 18 300 Ziff. 2.21 bis 2.27 fallend angegeben gewesen. Demnach habe der Unternehmer mit sämtlichen vorkommenden Bodenarten, von Mutterboden bis zum schweren Fels, also auch mit den angetroffenen bindigen Böden rechnen müssen. Gegen diese Auslegung spreche auch nicht die Bestimmung des § 9 Ziff. 1 VOB/A, nach der die Bauleistungen so eindeutig und erschöpfend zu beschreiben und zu gliedern seien, daß die mit dem Vertrag verbundenen Wagnisse klar zu erkennen und die Preise einwandfrei zu ermitteln seien. Die Bodenmassen des Streckenabschnitts seien so vielfältig und unübersichtlich, daß auch ein engeres Bohrnetz keine zuverlässigen Aufschlüsse ergeben hätte. Der Unternehmer sei zudem auf die Möglichkeit, weitere Bodenaufschlüsse zu beantragen, mehrfach hingewiesen worden. Er habe sich aber mit den durchgeführten Bohrungen zufriedengegeben.

---

61 Schäfer/Finnern, Z 2.11 Bl. 8.

Die Anordnung des Auftraggebers, dem nassen Boden zerkleinerten Fels beizumischen, bedeute daher nur die Wahrnehmung der vertraglichen Rechte, falle also nicht unter die Vorschrift des § 2 Ziff. 5 VOB/B. Eine Haftung des Auftraggebers aus Verschulden bei Vertragsschluß sei zu verneinen.

Auch nach den Grundsätzen, die für den Wegfall der Geschäftsgrundlage entwickelt worden sind, sei kein Ausgleichsanspruch zuzubilligen, weil die Entwicklung für den Unternehmer nicht unvorhersehbar gewesen sei.

Selbst die Tatsache, daß der Unternehmer Mehrkosten nur mit Hilfe eines Schuldenmoratoriums verkraftet hat, hat den BGH von dieser ablehnenden Haltung nicht abbringen können. Die Vorschrift des § 2 Ziff. 6 VOB/B (Zusätzliche Leistung) wird in dieser Entscheidung nicht erörtert.

Eine Parallele zeigt sich zum Urteil Wasserhaltung Polder. In beiden Fällen hatte die den Auftraggeber vertretende Bauleitung die zu den streitigen Mehrkosten führenden Maßnahmen angeordnet. In beiden Urteilen hat der BGH die Frage, ob die jeweilige Anordnung zu einer Vergütungsänderung nach § 2 Nr. 5 VOB/B geführt oder lediglich der Wahrung der vertraglichen Rechte gedient hat, von den tatsächlichen Verhältnissen her beantwortet. Der Erklärungswille hat keine Rolle gespielt.

Korbion,[62] Englert[63] und Kapellmann/Schiffers[64] haben die Entscheidung Wassergehalt Felszerkleinerung zustimmend ihren eigenen Darstellungen zugrunde gelegt. Vygen[65] hat allerdings kritisch angemerkt, daß in einem solchen Falle dem Unternehmer zumindest Grundlagen für die zu erwartenden Anteile der verschiedenen Bodenklassen übermittelt werden müßten, damit er darauf die Kalkulation seines Mischpreises stützen könne. In der Tat fragt man sich, ob die Angabe der anzutreffenden Bodenklassen in einem so weit gesteckten Rahmen nicht das gleiche ist, als wenn auf die Angabe ganz verzichtet wird.

In seiner Revisionsbegründung hatte der Unternehmer darauf gepocht, für die Auslegung der Leistungsbeschreibung müsse die Bestimmung des § 9 Ziff. 1 VOB/A herangezogen werden, nach der die Bauleistung so eindeutig und erschöpfend zu beschreiben sei, daß der Unternehmer die Preise einwandfrei zu ermitteln vermöge. Dem hat der BGH entgegengehalten, daß der Unternehmer, obwohl er auf die Möglichkeit weiterer Bodenaufschlüsse hingewiesen worden sei, sich mit den durchgeführten Bohrungen zufriedengegeben habe.

---

62 Ingenstau/Korbion, Rdn. 267 zu § 2 VOB/B.
63 Englert/Grauvogl/Maurer, Rdn. 279.
64 Kapellmann/Schiffers, Bd. 1, Einheitspreisvertrag, Rdn. 447.
65 Vygen/Schubert/Lang, Rdn. 164 f.

Die dieser Argumentation zugrundeliegende uneingeschränkte Übertragung des Risikos einer unvollständigen Leistungsbeschreibung auf den Unternehmer deckt sich nicht mit den Erwägungen, die den BGH in seinem Urteil Wasserhaltung Weser 1993 veranlassen, die uneingeschränkte Leistungspflicht des Unternehmers in Frage zu stellen. Es darf angenommen werden, daß der BGH heute den Fall anders entscheiden und „völlig ungewöhnliche" Maßnahmen zur Verdichtung des Bodens als nicht von der vertraglichen Leistungspflicht umfaßt behandeln würde.

bb) Aushub abweichender Qualität, LG Köln vom 8.5.1979[66]

In den Jahren 1973/74 ist für eine Autobahnneubaustrecke Boden auszuheben. Nach der Leistungsbeschreibung ist dieser Boden bis 1 m Tiefe von fester Beschaffenheit (Bodenklassen 2.23 bis 2.26 der DIN 18 300, Fassung 1958). Ab 1 m Tiefe bis zur Aushubsohle von 4 m soll der Boden schlammig sein (Bodenklasse 2.22 der DIN 18 300). Im Zuge der Arbeit stellt sich heraus, daß der erwartete schlammige Boden ab 1 m Tiefe in Wahrheit ebenso fest ist wie die darüberliegende Schicht. Der Unternehmer hebt den Boden ungeachtet der Abweichung aus und reicht ein Nachtragsangebot über seine Mehrkosten ein. Der Auftraggeber verweigert die Mehrkosten mit der Begründung, der Unternehmer habe bei der Angebotsabgabe von der Abweichung gewußt.

Das Landgericht Köln hat die Berechtigung dieses Einwandes offengelassen und den Mehrvergütungsanspruch zugesprochen mit der Begründung, der Aushub des anderen als des beschriebenen Bodens von 1 m Tiefe bis 4 m Tiefe sei eine im Vertrag nicht vorgesehene Leistung und daher nach § 2 Ziff. 6 VOB/B zu vergüten.[67] Auf die für die Anwendung dieser Anspruchsgrundlage notwendige Anforderung der im Vertrag nicht vorgesehenen Leistungen durch den Auftraggeber geht das Gericht nicht ein, will also offenbar die objektive Notwendigkeit genügen lassen.

Hochstein[68] wirft in seiner Urteilsanmerkung die Frage des Leistungsinhaltes auf. Sollte der Boden von 1 m bis 4 m Tiefe nur ausgehoben werden, wenn er schlammig war, anderenfalls also unbearbeitet gelassen werden? Oder sollte er in jedem Fall bis 4 m Tiefe ausgehoben werden, und war die Klassifizierung als Schlamm lediglich eine Annahme, welche Bodenklasse

---

66 Schäfer/Finnern/Hochstein, Nr. 2 zu § 2 Ziff. 6 VOB/B (52) = BauR 1980, 368.
67 Dem aufmerksamen Leser wird auffallen, daß das Gericht die Worte des § 2 Nr. 6 VOB/B (1973) wiedergibt, obwohl die Fassung des § 2 Ziff. 6 VOB/B (1952) anzuwenden ist.
68 Schäfer/Finnern/Hochstein, Nr. 2 zu § 2 Ziff. 6 VOB/B (1952).

anzutreffen sein werde? Hochstein entscheidet sich für die zweite Auslegung und meint, in Fällen dieser Art sei nicht die Vertragsleistung als solche (Aushub von 1 m bis 4 m Tiefe), sondern die Art und Weise der Leistungsdurchführung betroffen. Dies sei jedoch ein Fall der Behinderung nach § 6 Ziff. 5 Abs. 2 VOB/B (52). Er gibt dem Leistungserfolg, nämlich dem Erreichen der Aushubsohle, den Vorrang vor der Einhaltung der Leistungsbeschreibung, nur Boden schlammiger Konsistenz auszuheben.

Hofmann widerspricht in seiner Urteilsanmerkung[69] Hochstein und verteidigt die rechtliche Einordnung des Landgerichts Köln mit dem Argument, Aushub festen Bodens der Klassen 2.23 bis 2.26 unterhalb 1 m sei der vertraglich vereinbarten Tiefe bis 1 m „aufgepropft". Von Craushaar hat zunächst gemeint, in einem Fall dieser Art ergebe sich der Mehrvergütungsanspruch des Unternehmers aus § 2 Nr. 5 VOB/B,[70] er hat später jedoch der Entscheidung des Landgerichts Köln zugestimmt.[71] Marbach sieht dagegen eine reine nach § 2 Nr. 3 Abs. 2 und 3 VOB/B zu behandelnde Mengenerhöhung, wenn der feste Boden nicht bei 1 m Tiefe aufhört, sondern bis 4 m Tiefe reicht.[72] Englert wiederum schließt sich insofern Hochstein an, als er dem Erreichen der Aushubsohle von 4 m Tiefe den Vorrang vor der Eingrenzung auf eine bestimmte Bodenklasse gibt. Die sich aus dem Antreffen einer anderen Bodenklasse ergebende Erschwernis will er allerdings über § 2 Nr. 5 VOB/B, Änderung des Bauentwurfs, berücksichtigt wissen.[73]

Mit Kapellmann/Schiffers[74] ist sich Englert einig, daß die Klärung des Meinungsstreites für die Praxis unerläßlich ist, damit die Unternehmer wissen, ob sie im Falle einer versäumten Ankündigung nach § 2 Nr. 6 VOB/B ihren Mehrvergütungsanspruch verloren haben. Damit geht es um den Leistungsbegriff. Kommt es auf die Erreichung des Erfolges, also Aushub bis 4 m Tiefe, oder auf die Einhaltung der Leistungsbeschreibung an, das heißt Aushub ab 1 m bis 4 m Tiefe nur, wenn auch tatsächlich der vorgesehene Schlamm angetroffen wird?

cc) *Sandlinse, LG Köln vom 16.11.1982*[75]

Die gleiche Kammer des Landgerichts Köln, die 5., hatte sich drei Jahre später wieder mit abweichenden Bodenverhältnissen zu befassen.

---

69 Hofmann in BauR 1980, 369; Anm. zu Urteil des LG Köln vom 8.5.1979.
70 BauR 1984, 323.
71 v. Craushaar, FS Locher (1990) S. 19.
72 Marbach, ZfBR 1989, 8.
73 Englert/Grauvogl/Maurer, Rdn. 265 ff.
74 Kapellmann/Schiffers, Bd. 1, Einheitspreisvertrag, Fn 400
75 Schäfer/Finnern/Hochstein, Nr. 2 zu § 6 Nr. 6 VOB/B (1973).

Die Ausschreibung einer Eisenbahnüberführung aus dem Jahre 1977 sieht die Erstellung der Brückenwiderlager im Schlitzverfahren vor. Der Ausschreibung ist ein Bodengutachten beigefügt. Während der Ausführung kommt es auf der linken Seite des Brückenwiderlagers zu einem Bodeneinbruch, als dessen Ursache eine völlig trockene Sandlinse festgestellt wird, die keinerlei bindige Bestandteile enthält. Zur Abhilfe werden Zwischenbühnen eingebaut. Außerdem entstehen dem Unternehmer erhebliche Stillstandskosten. Sind das Mehrleistungen gegenüber dem Vertrag?

Nachdem das Gericht festgestellt hat, daß nach dem der Ausschreibung zugrundegelegten Bodengutachten der Unternehmer mit völlig trockenen Sandeinlagerungen nicht habe rechnen müssen, hat es die Vergütung für die Zwischenbühnen zugesprochen und diese als Zusatzarbeiten bezeichnet. Das Gericht hat als Rechtsgrundlage den § 2 Nr. 6 VOB/B (Zusätzliche Leistung) herangezogen, außerdem aber auch den § 2 Nr. 8 Abs. 1 S. 2 VOB/B (Auftraglose Leistung) für anwendbar erklärt. Das LG Köln hatte Zweifel, ob die Zusatzleistungen „gefordert" waren im Sinne des § 2 Nr. 6 VOB/B, ließ diese Frage aber dahinstehen, weil die Arbeiten unstreitig notwendig gewesen seien und dem mutmaßlichen Willen des Auftraggebers entsprochen hätten (§ 2 Nr. 8 Abs. 2 S. 2 VOB/B). Da nach beiden Vorschriften die vorherige Ankündigung Anspruchsvoraussetzung ist, diese aber unterblieben war, mußte das Gericht über dieses Hindernis hinweghelfen mit der Entbehrlichkeit der Ankündigung wegen der besonderen Umstände des Falles. Im Ergebnis führte auch in diesem Urteil die objektive Notwendigkeit, nicht eine Willenserklärung des Auftraggebers, zum höheren Vergütungsanspruch.

dd) *Schlitzwandgreifer, OLG Stuttgart vom 11.8.1993*[76]

Zur Abdichtung eines Straßendamms von einem Regenrückhaltebecken ist eine 15 m tiefe Dichtungswand zu bauen. Abschnittsweise wird der Schlitz durch einen Schlitzwandgreifer ausgehoben und anschließend mit Beton ausgefüllt. Beim letzten Abschnitt hakt der Greifer fest und läßt sich trotz aller Mühe nicht lösen. Der Unternehmer sieht keine andere Möglichkeit, als den Greifer in der Tiefe zu belassen und einzubetonieren. Diese Leistung nimmt der Auftraggeber nicht ab.

Die Parteien schließen eine Vereinbarung, nach der die Schlitzwand freigelegt, der Greifer entfernt und das Reststück der Schlitzwand nachbetoniert werden soll. Zwei Sachverständige werden beauftragt, die Ursachen des

---

76 BauR 1994, 631.

Schadensfalles festzustellen. Nach deren Gutachten soll sich die Vergütung regeln.

Die Sachverständigen stellen als Ursache einen Sandsteinblock fest. Gehört das Festhaken des Greifers an einem solchen Block zum Aufwandsrisiko des Unternehmers?

Das OLG Stuttgart meint einleitend, als Anspruchsgrundlage komme nur § 2 Nr. 6 VOB/B in Betracht. Danach müßten die Mehraufwendungen zusätzliche, im Bauvertrag nicht vorgesehene und nicht geschuldete Leistungen darstellen. Da der Unternehmer den Leistungserfolg schulde, sei eine zusätzliche Leistung nur dann zu bejahen, wenn das Verhaken des Greifers in das Baugrundrisiko des Bauherrn fiele. Diese Frage hat das Gericht unter ergänzender Anhörung der von den Parteien bestellten Schiedsgutachter verneint. Nach dem der Ausschreibung zugrundeliegenden Baugrundgutachten habe mit sandsteinartig verhärteten Zonen gerechnet werden müssen.

Hier ist zum ersten Mal festzustellen, daß der Auftraggeber vorher die zusätzliche Vergütung akzeptiert hat, wenn auch unter der Bedingung, daß das Festhaken des Greifers von dem von ihm zu tragenden Baugrundrisiko umfaßt werde. Wäre die Anhörung der Sachverständigen anders ausgefallen, wäre die Bedingung eingetreten, unter der sich der Auftraggeber zur Vergütung der Mehrkosten bereit erklärt hatte.

ee) Ergebnis

Ist der Unternehmer auch ohne Zusatzauftrag verpflichtet, die durch abweichende Bodenverhältnisse bedingten Maßnahmen zu ergreifen?

Abgesehen von dem letzten der vier Fälle, in dem ein bedingter Zusatzauftrag erteilt war, haben in den drei übrigen Entscheidungen die Gerichte auch ohne Zusatzauftrag eine vertragliche Pflicht für die Maßnahmen angenommen.

Die Anschlußfrage nach der Vergütung wird in den vier Fällen ebenso wie in den drei Fällen Wasserhaltung aus der Auslegung der Leistungsbeschreibung und deren Vergleich mit den tatsächlich angetroffenen Verhältnissen beantwortet. Zweimal ist die Antwort zugunsten des Auftraggebers ausgefallen, weil die vom Unternehmer behauptete Abweichung der tatsächlichen Bodenverhältnisse nicht bestätigt werden konnte (Wassergehalt Felszerkleinerung des BGH und Schlitzwandgreifer des OLG Stuttgart). In den beiden vom Landgericht Köln entschiedenen Fällen ist dagegen der Unternehmer mit seiner Sicht durchgedrungen mit dem Ergebnis, daß der jeweilige Auftraggeber zu der sich ergebenden Zusatzzahlung verpflichtet wurde, obwohl er sich nicht zuvor mit ihr einverstanden erklärt hatte.

c) Sonstige Verfahrensänderungen

Eingang in die Leistungsbeschreibung finden neben Angaben zu den Grundwasser- und den Bodenverhältnissen noch andere Hinweise zu der Art und Weise, wie der Unternehmer seine Leistung erbringen soll. Wenn der Unternehmer bei der Arbeit erkennt, daß er von diesen Hinweisen abweichen muß, stellt sich ihm wie bei den Boden- und Grundwasserverhältnissen die Frage, ob sich seine Leistungspflicht auch auf die geänderte Verfahrensweise erstreckt und wie es mit der Erstattung seiner Kosten steht. An drei Urteilen aus jüngerer Zeit soll dieses Thema dargestellt werden.

aa) Kleinschalung (Universitätsbibliothek), BGH vom 25.6.1987[77]

Für den Neubau der Universitätsbibliothek Düsseldorf sind die Betonarbeiten ausgeschrieben. Bei der Kalkulation des Angebotes findet der Unternehmer in den Vorbemerkungen des Leistungsverzeichnisses den Hinweis, daß alle Sichtschalungen in Form von Großtafelschalungen herzustellen seien.

Außerdem ist den Ausschreibungsunterlagen die Statik beigefügt. Der Unternehmer kalkuliert seine Preise nach den Kosten der Großtafelschalung und erhält den Auftrag. Nach Vertragsschluß erhält er die Bewehrungspläne und erkennt nun, daß Aussparungsbereiche in den Balkonen und den Unterzügen, Versprünge, Eckbewehrungen, dichte Bewehrungslagen sowie Rahmenbewehrungen anfallen, die eine Großtafelschalung unmöglich machen. Ist er zu der nun notwendig werdenden Ausführung der Bauarbeiten in Kleinschalung ohne Vergütungsänderung verpflichtet? Der Auftraggeber verweigert sie ihm mit der Begründung, er habe die Notwendigkeit der Kleinschalung anhand der bei Angebotsbearbeitung vorliegenden Statik erkennen können.

Der Unternehmer läßt es auf eine Leistungsverweigerung nicht ankommen. Um die im Vergleich zur Auftragssumme von DM 10,6 Mio. beachtlichen Mehrkosten in Höhe von DM 2,1 Mio. kommt es zum Prozeß.

Das Berufungsgericht (Düsseldorf) hat dem Unternehmer bestätigt, daß er zunächst von weitgehender Verwendung von Großflächenschalung habe

---

[77] BauR 1987, 683 = NJW-RR 1987, 1306 = ZfBR 1987, 237.

ausgehen dürfen. In der Übermittlung der Bewehrungspläne hat es eine zur Änderung der Preisgrundlage führende Anordnung des Auftraggebers gesehen und deshalb den Vergütungsanspruch nach § 2 Nr. 5 VOB/B zugesprochen. Zur Auslegung der Leistungsbeschreibung hat das OLG Düsseldorf sich der Hilfe eines Sachverständigen bedient.

Der BGH hat das Berufungsurteil aufgehoben und die Sache zur weiteren Aufklärung zurückverwiesen. Das Berufungsgericht müsse der Frage nachgehen, ob, wenn nicht der Kalkulator, dann aber ein satzungsgemäßer Vertreter des Unternehmers mit den für die Errichtung des Gebäudes erforderlichen besonderen Fachkenntnissen den Schwierigkeitsgrad der Betonarbeiten bereits aus den Ausschreibungsunterlagen habe erkennen müssen. Außerdem sei dem Unternehmer zuzumuten, sich durch eine mündliche oder fernmündliche Rückfrage beim Planungsbüro Gewißheit zu verschaffen, zu welchem Anteil überschlägig Großflächenschalung verwendet werden könne.

Auch in diesem Fall wird sowohl vom Berufungsgericht wie auch vom BGH die Anwendung des § 2 Nr. 5 VOB/B allein davon abhängig gemacht, ob die nachgereichten Bewehrungspläne eine Leistungsänderung gegenüber den Ausschreibungsunterlagen bedeuten. Vom Bewußtsein oder gar dem Willen des Auftraggebers, in vergütungspflichtiger Weise in die Bauleistung eingegriffen zu haben, soll der Anspruch nicht abhängen.

Kapellmann/Schiffers sehen sowohl eine Bauinhaltsänderung wie auch eine Änderung der Bauumstände.[78] Inhalt sei die Betonwand (komplizierte Bewehrung), die Umstände seien die Schalungsdurchführung. Versetzt man sich aber in die Position des Auftraggebers, ist es fraglich, ob die komplizierte Bewehrung in der Betonwand eine Bauinhaltsänderung ist. Solange keine Änderung des Nutzeffektes festzustellen ist, zum Beispiel hinsichtlich der Tragfähigkeit, des Aussehens oder der Funktion für die Herstellung der Räumlichkeiten, wird der Auftraggeber keine inhaltliche Leistungsänderung einsehen können. Sind sowohl die komplizierte Bewehrung wie auch die Kleinschalung nicht lediglich ein Mehraufwand, der notwendig geworden ist, um den von Anfang an geforderten Nutzeffekt zu erzielen? Es ist daher Vygen zuzustimmen, der meint, die Abweichung in der Detailplanung bewirke zwar keine Änderung des Leistungsbeschriebs, da die Stützen usw. unverändert blieben. Zweifellos führe diese Abweichung aber zu einer Änderung der Preisgrundlagen gemäß § 2 Nr. 5 VOB/B.[79]

---

78 Kapellmann/Schiffers, Bd. 1, Einheitspreisvertrag, Rdn. 147.
79 Vygen/Schubert/Lang, Rdn. 170.

bb) Betonpumpe, OLG Düsseldorf, 22. Zivilsenat, vom 13.12.1991[80]

In einer Gewerbehalle ist ein Vakuumbeton-Industrieboden einzubauen. In sein Angebot schreibt der Bauunternehmer den Hinweis, daß die Lieferung des Betons sich immer ohne Betonpumpe, mit dem Betonwagen bis an die jeweilige Verlegestelle verstehe. Sei das nicht möglich, müsse eine Zulage für die Gestellung der Betonpumpe gezahlt werden. Auch die anschließende Auftragsbestätigung enthält den Vermerk „Beton . . . ohne Pumpe einbringen . . .". Am ersten Betoniertag stellt der Unternehmer fest, daß er ohne Betonpumpe nicht auskommt. Er schafft sie sofort herbei, der Frischbeton muß schließlich verarbeitet werden. Am zweiten Tag seiner Arbeit schreibt er seinem Auftraggeber einen Brief und fordert einen Preiszuschlag von DM 3,00 pro Quadratmeter wegen des Einsatzes der Betonpumpe. Am dritten Tag geht dieser Brief beim Auftraggeber ein, gleichzeitig ist der Hallenboden bereits fertiggestellt.

Ermächtigt der Vertrag den Unternehmer, die Zahlungsschuld des Auftraggebers um die Kosten der Betonpumpe im Bedarfsfalle zu erhöhen? Das OLG Düsseldorf hat die Frage verneint und die Vertragsklauseln in der Weise ausgelegt, daß sie noch nicht die endgültige Vereinbarung einer Preisanpassung enthielten. Der Unternehmer habe sich lediglich vorbehalten, unter den gegebenen Voraussetzungen eine Mehrforderung geltend zu machen. Es habe lediglich klargestellt werden sollen, daß der Einsatz der Betonpumpe gemäß § 2 Nr. 1 VOB/B durch die vereinbarten Preise nicht abgegolten sei.

Aufgrund seiner Vertragsauslegung sah das OLG Düsseldorf nur die Vorschrift des § 2 Nr. 5 VOB/B als eine mögliche Anspruchsgrundlage. Da wegen des zu spät eingegangenen Briefes eine auch nur stillschweigende Anordnung nicht festzustellen sei, scheide dieser Anspruch aus. Das Gericht will also nicht auf eine vom Wissen und Wollen des Auftraggebers getragene Anordnung verzichten. Die objektive Notwendigkeit der Betonpumpe reicht ihm nicht aus.

Welche Konsequenz ergibt sich daraus für den Unternehmer auf der Baustelle? Die Auslegung des OLG Düsseldorf bedeutet, daß ohne Änderungsanordnung der Vertrag den Unternehmer nur zum Einbau des Betons ohne Betonpumpe berechtigt und verpflichtet. Wenn ohne Betonpumpe und die dadurch entstehenden Kosten nicht auszukommen ist, soll die Leistungspflicht offenbar als aufgehoben angesehen werden? Der Unternehmer steht damit vor der Wahl, entweder die Warteschlange der Betonmischer wieder nach Hause zu schicken, oder seinen Anspruch auf zusätzliche Vergütung der Betonpumpe zu verlieren.

---

80 NJW-RR 1992, 529.

cc) Spanngarnituren Werratalbrücke, BGH vom 23.6.1994[81]

Im Jahre 1987 wird die Autobahnbrücke über die Werra neu gebaut. Sie besteht aus Stahlträgern mit trapezförmigem Profil, auf die die Fahrbahn mit Bewehrungseinlagen aufbetoniert wird. Während des Betonierens mit Hilfe eines Schalwagens wirken horizontale Kräfte auf die trapezförmig nach außen gerichteten Stege der Hauptträger, die von Zugbändern aufgefangen werden sollen, bis der Fahrbahnbeton erhärtet ist. Aus einer bei der Angebotsbearbeitung einsehbaren Ingenieurplanung ergibt sich, daß diese Gurte wieder ausgebaut und neu verwendet werden können. Im Zuge der Arbeiten stellt sich aber heraus, daß diese Zugbänder in den Beton der Fahrbahn verlegt werden mußten. Dadurch entfiel die Mehrfachverwendung. Die Mehrkosten meldete der Unternehmer nach § 2 Nr. 5 und § 2 Nr. 6 VOB/B an. Der Auftraggeber verweigerte die Bezahlung mit der Begründung, die Zugbänder seien lediglich Baubehelfe, die für die Schalung der Fahrbahn hätten einkalkuliert werden müssen.

Das Berufungsgericht (Celle) hat die Mehrvergütung zuerkannt mit der Begründung, mangels Angabe im Leistungsverzeichnis habe der Unternehmer mit der Notwendigkeit so zahlreicher Zugbänder nicht rechnen können.

Der BGH hat in seiner Entscheidung bestätigt, daß für die Abgrenzung zwischen unmittelbar vertraglich geschuldeten und zusätzlichen Leistungen auf den Inhalt der Leistungsbeschreibung abzustellen ist. Zur Klärung dieser Frage wiederholt er seine ein halbes Jahr zuvor in dem Urteil Wasserhaltung Weser[82] entwickelten Grundsätze zur Auslegung der Leistungsbeschreibung. Bei den zusätzlichen Leistungen spricht der BGH diesmal im Gegensatz zu seinem Urteil Wasserhaltung Weser nicht von geschuldeten. Ob dieser sprachliche Unterschied dahin gehend zu verstehen ist, daß in diesem Falle nicht aufgrund des ursprünglichen Vertrages geschuldet sein soll, sondern es einer separaten Anforderung bedürfe, läßt der weitere Urteilstext nicht erkennen. In Übereinstimmung mit dem Urteil Wasserhaltung Weser wiederholt der BGH den dort entwickelten Grundsatz, die Leistungsbeschreibung losgelöst von ihrem Wortlaut nach ihrem objektiven Erklärungswert auszulegen.

dd) Ergebnis

Die drei Urteile zeigen, daß sich neben den Grundwasser- und Bodenverhältnissen auch andere Rahmenbedingungen der Bauleistung gegenüber der Leistungsbeschreibung ändern können. Die Pflicht, die sich aus derartigen

---

81 ZfBR 1994, 222 = BauR 1994, 625 = NJW-RR 1994, 1108.
82 Vgl. oben II, 3, a, cc.

Änderungen ergebenden baulichen Maßnahmen zu treffen, steht in den drei Entscheidungen außer Frage. Ihre Vergütung macht der BGH in seinen beiden Urteilen nicht von einer vorherigen Änderung der Vergütungsvereinbarung, sondern allein von der Auslegung der Leistungsbeschreibung abhängig, während das OLG Düsseldorf in seinem Urteil auf die vorherige entsprechende Willenserklärung des Auftraggebers hinsichtlich der Zusatzvergütung nicht verzichten will.

4 Verlängerung der Ausführungszeit

Die Verlängerung der Ausführungszeit verkörpert sich weder im Bauwerk, noch ist sie in einer besonderen Aktivität des Unternehmers sichtbar. Die Ausführungsweise bleibt die gleiche, sie nimmt nur längere Zeit in Anspruch, auch dies kostet aber den Unternehmer mehr Geld als kalkuliert.

a) Wassergehalt Transportschwierigkeiten, BGH vom 20.3.1969 [83]

Die für einen Abschnitt einer Bundesstraße auszuführenden Erdarbeiten bestehen im wesentlichen darin, das über dem Trassenniveau liegende Erdreich abzutragen und an den unter dem geplanten Niveau der Straße liegenden Stellen zu einem Damm aufzuschütten und dabei in bestimmter Weise zu verdichten. Im Zuge der Ausführung zeigt sich, daß der Wassergehalt des Bodens höher ist als erwartet. Der Auftraggeber sieht das ein und akzeptiert die zusätzliche Vergütung für Aufschlitzungen zur Entwässerung des Bodens sowie für den Einbau von Stabilisierungsböden. Streitig bleiben die durch die Nässe des Bodens verursachten Transportschwierigkeiten, insbesondere können die Fahrzeuge nur ungenügend beladen werden und die Fahrzeiten verlängern sich, so der Unternehmer.

Derartige Forderungen, so der BGH, hätten mit Ansprüchen, die auf § 2 Ziff. 5 VOB/B gestützt werden könnten, nichts zu tun. Zu den Transport- und Ausführungsschwierigkeiten sei es nicht durch eine Anordnung des Straßenbauamtes gekommen. Auch auf die Bestimmung des § 2 Ziff. 6 VOB/B könne die Forderung nicht gestützt werden, denn das würde Leistungen voraussetzen, zu denen der Unternehmer nach dem Vertrag nicht verpflichtet gewesen sei. Davon gehe der Unternehmer aber selbst nicht aus.

---

83 Schäfer/Finnern, Z 2.311 Bl. 31, nicht zu verwechseln mit dem Urteil gleichen Datums „Wassergehalt Felszerkleinerung", vgl. oben II, 3, b, aa.

Ähnlich hat in dem oben behandelten Fall Sandlinse das Landgericht Köln[84] zwar die Vergütung für die Zwischenbühnen und die sonstigen Zusatzarbeiten anerkannt, den Ausgleich der Stillstandskosten aber abgelehnt, weil diese keine zusätzlichen Leistungen zur Erbringung der Werkleistung zum Inhalt hätten. Diese Kosten könnten allenfalls Behinderungsschaden im Sinne des § 6 Nr. 6 VOB/B sein, der aber nur dann zu ersetzen sei, wenn der Auftraggeber das Auftreten der trockenen Sandlinse zu vertreten gehabt habe.

Für den Unternehmer ist das nicht verständlich. Für ihn macht es keinen Unterschied, ob er für Aufschlitzungen zur Entwässerung oder für die verlängerte Zeit zum Transportieren erhöhte Lohn- und Gerätekosten hat. Der Auftraggeber kann dagegen in dem einen Fall eine zusätzliche Handlung feststellen (das Aufschlitzen oder die Zwischenbühnen), im anderen Fall dagegen nur die Verlangsamung einer im übrigen unveränderten Tätigkeit (Bodentransport). Die Frage ist, ob dieser Unterschied die Einordnung einerseits als Mehrleistung und andererseits als bloße Behinderung rechtfertigt.

b) Nachbarwiderspruch, OLG Düsseldorf, 23. Zivilsenat, vom 28.4.1987[85]

Der Bauherr eines Einfamilienhauses wird aufgrund des Einspruchs eines Nachbarn vom Bauamt gebeten, die Baustelle bis zur rechtlichen Prüfung des Einspruchs stillzulegen. Er fordert demgemäß seinen Unternehmer auf, die Fortführung der Rohbauarbeiten einzustellen. Die Unterbrechung dauert 44 Tage. Die Stillstandskosten fordert der Unternehmer als Schadensersatz gemäß § 6 Nr. 6 VOB/B. Der Bauherr lehnt den Anspruch unter Berufung auf fehlendes Verschulden ab.

Diesem Einwand vermochte das Gericht nicht zu folgen. Die hindernden Umstände hätten im Risikobereich des Auftraggebers gelegen und seien von ihm zu vertreten, da er für die Beschaffung der Baugenehmigung und damit auch deren Erhaltung allein verantwortlich sei.

In diesem Urteil werden abermals die dem Unternehmer entstandenen Mehrkosten nicht als Vergütung, sondern als Schadensersatz infolge Behinderung behandelt. Das ist insofern erstaunlich, als der behindernde Umstand, die Aufforderung des Bauamtes, das Baugeschehen unmittelbar nicht beeinflußt hat. Was den Unternehmer zum Abrücken von der Baustelle be-

---

84 Schäfer/Finnern/Hochstein, Nr. 2 zu § 6 Nr. 6 VOB/B (1973) sowie oben II, 3, b, bb.
85 BauR 1988, 487.

wogen hat, war die Anordnung seines Auftraggebers. Liegt es dann nicht nahe, in seiner Anweisung den Eingriff in das Baugeschehen im Sinne des § 2 Nr. 5 VOB/B zu sehen und damit vertragliche Vergütungsansprüche infolge des Stillstandes anzunehmen?

c) Straßensperrung, OLG Düsseldorf, 19. Zivilsenat, vom 9.5.1990 [86]

Der Baugrubenaushub eines größeren Bürogebäudes soll nach dem vom Liegenschaftsamt der Stadt genehmigten Plan über die Bahnhofstraße abgefahren werden. Aus der sich ergebenden Fahrstrecke hat der Unternehmer seinen Preis kalkuliert und die Abfuhr begonnen. Als die Anwohner wegen der von den Transporten ausgehenden Belästigungen öffentlich protestieren, verhängt die Stadt zunächst eine Geschwindigkeitsbegrenzung und läßt bald darauf die Straße sperren. Bis zum Bau einer Ausweichstraße entstehen Stillstandskosten. Deren Bezahlung lehnt der Auftraggeber ab mit der Begründung, diese Behinderung habe er nicht zu vertreten.

Das Gericht hat das Verschulden verneint, nachdem es klargestellt hat, daß die Formulierung „zu vertreten" im Sinne des bürgerlichen Rechts zu verstehen ist, also Verschulden erfordert. Es genüge nicht, daß der hindernde Umstand der Risikosphäre des Auftraggebers zuzurechnen sei, und distanziert sich ausdrücklich von dem zuvor behandelten Urteil der Kollegen des gleichen Gerichts (23. Zivilsenat). Die öffentlichen Proteste, die zu der Sperrung der Straße geführt haben, habe der Auftraggeber nicht vorhersehen müssen.

Für die Erörterung eines Anspruchs aus § 2 Nr. 5 VOB/B war hier im Gegensatz zu dem vorangehenden Fall kein Raum, weil es an einer zwischengeschalteten Anordnung des Auftraggebers fehlte.

d) Deponiesperrung, BGH vom 1.10.1991 [87]

Ein Fluß ist zu entschlammen und der entwässerte Schlamm auf die Hausmülldeponie der Stadt M. zu transportieren. Mit ihr hat der Auftraggeber einen entsprechenden Vertrag geschlossen. Kurz nach Beginn der Arbeiten verweigert die Deponieverwaltung die weitere Abnahme des Schlamms. Da er anderweitig nicht abgelagert werden darf, muß der Betrieb eingestellt werden. Der Auftraggeber verweigert die Bezahlung der Stillstandskosten unter Berufung auf die Vertragsklausel „Stilliegekosten werden nicht vergütet".

---

86 BauR 1991, 337.
87 ZfBR 1992, 31.

Der BGH stellt fest, daß ein Entschädigungsanspruch des Bauunternehmers nach § 642 Abs. 1 BGB gegeben sei. Der Auftraggeber könne nicht geltend machen, die Abnahmeverweigerung der Deponieverwaltung sei ihm nicht zuzurechnen. Er habe sie zur Erfüllung seiner Vertragspflicht eingeschaltet, so daß sie sein Erfüllungsgehilfe sei. Die Klausel, daß Stilliegekosten nicht vergütet würden, könne sich nicht auf die Entschädigungsansprüche nach § 642 BGB erstrecken. Der Unternehmer könne nämlich bei der Kalkulation seiner Preise nur die Risiken einbeziehen, die für ihn erkennbar seien und seine werkvertragliche Leistung beträfen. Hingegen könne er nicht Kosten einkalkulieren, die durch den Annahmeverzug des Bestellers entstehen können.

e) Ergebnis

Die Pflicht, ungeachtet der unvorhergesehenen Verlängerung der Ausführungszeit die Leistung zu erbringen, wird in keinem der vier Urteile in Frage gestellt. Dazu bestand auch keine Veranlassung, weil jeweils die verzögernden Umstände als Behinderung eingeordnet wurden, die allenfalls einen Schadensersatzanspruch für den Fall zur Folge hätten haben können, daß der Auftraggeber die Behinderung verschuldet hätte. Das bedeutet zugleich, daß eine Mehrleistung verneint wird. Andererseits ist aber festzustellen, daß auch in diesen vier Fällen sich die in den jeweiligen Leistungsbeschreibungen angegebenen Kalkulationsgrundlagen als unrichtig erwiesen haben. Die erwartete Transportgeschwindigkeit hat sich nicht bestätigt. Aus der Sicht der im Vertrag vorgegebenen Preisermittlungsgrundlagen ist die Verneinung einer Leistungsänderung für die Fälle erhöhten Zeitbedarfs nicht verständlich. Warum sind nicht in gleicher Weise die Zwischenbühnen und die Aufschlitzungen als durch die abweichenden Bodenverhältnisse verursachter Behinderungsschaden zu beurteilen, wie es Hochstein für den Aushub abweichender Qualität des LG Köln getan hat?[88] Es zeigt sich hier eine Unterschiedlichkeit zwischen technischer und wirtschaftlicher Betrachtungsweise. Technisch sind das Aufschlitzen zum Entwässern oder der Einbau von Zwischenbühnen zusätzliche Handlungen gegenüber dem verlangsamten Transport oder dem Baustillstand, durch die sich außer der verlängerten Zeitdauer an den von Anfang an vorgesehenen Leistungshandlungen nichts ändert. Diesem technischen Unterschied steht aber kein entsprechender wirtschaftlicher gegenüber. Der Unternehmer muß bei jeder der Varianten mehr Kosten aufwenden, als er kalkuliert hat, es macht für ihn wirtschaftlich gesehen keinen Unterschied, wofür er die Kosten aufbringen muß. Auch für den Besteller ist die Frage nach dem Ursprung der Mehrkosten gleichgültig. Bei keiner

---

88 Schäfer/Finnern/Hochstein, Nr. 2 zu § 2 Ziff. 6 VOB/B (1952) und oben II, 3, b, bb.

der Varianten kann er mit dem Mehraufwand einen höheren wirtschaftlichen Nutzeffekt für sich verbuchen. Nicklisch betont zu Recht in seinen Vorschlägen zur Neuregelung des Rechts komplexer Werkverträge, daß die durch Leistungsänderungen verursachten Verzögerungs- und Stillstandskosten der Sache nach ein Vergütungsanspruch für zusätzliche Leistungen seien, der auch die kalkulatorische Gewinnspanne umfasse.[89]

5 Nicht erfüllte Erleichterungserwartungen

Leistungsbeschreibungen können verführerisch sein. Insbesondere Bodengutachten verleiten so manchen Unternehmer, Leistungen anders zu kalkulieren, als es nach der Leistungsbeschreibung vorgesehen ist. Im Zuge der Ausführung stellt er fest, daß sich seine Erwartungen nicht erfüllen, vielmehr der im Leistungsverzeichnis beschriebene Aufwand sich nicht umgehen läßt. Nun fragt sich der Unternehmer, ob er unter Berufung auf die Unrichtigkeit beispielsweise eines zur Leistungsbeschreibung gehörenden Bodengutachtens die entgangene Ersparnis geltend machen kann. Drei Fälle aus der jüngeren Rechtsprechung zeigen, wie das Problem sich in der Praxis darstellt.

a) Baugrubenaushub unverkäuflich, OLG Düsseldorf vom 9.5.1990[90]

Das Leistungsverzeichnis bezeichnet den für die Errichtung eines Bürogebäudes auszuhebenden und abzufahrenden Boden als solchen der Bodenklasse 3 (Sand, Kies, leichter Lehm). Kippgebühren seien einzukalkulieren.

In den technischen Vorbemerkungen heißt es, daß, soweit Bodenuntersuchungen vorlägen, es sich in der Hauptsache um Kies handele. Aufgrund dieser Angaben überlegt sich der Unternehmer, daß er etwa drei Viertel des abzufahrenden Materials zum Preise von DM 4,00/cbm verkaufen und insoweit auch die Kippgebühren in Höhe von DM 2,50/cbm sparen kann. Durch den daraus sich ergebenden niedrigen Preis wird er der billigste Bieter und erhält den Auftrag.

Alsbald nach der Aufnahme der Arbeiten stellt sich heraus, daß seine Rechnung nicht aufgeht. Der Boden ist so schlecht, daß er ihn doch auf die Kippe

---

89 Nicklisch, JZ 1984, 757 ff., 768.
90 BauR 1991, 337.

fahren muß. Er verlangt eine Zulage von DM 4,88/cbm nach § 2 Nr. 5 VOB/B.

Das OLG Düsseldorf stellt zwar einleitend fest, daß mit Korbion[91] und Vygen[92] ein Anspruch auf die durch einen schwereren Boden bedingten Mehrkosten gegeben seien dürfte, wenn eine bestimmte Bodenklasse ausgeschrieben und nicht vorgefunden werde, der Auftraggeber die Leistung nach einem entsprechenden Hinweis aber gleichwohl ausführen lasse. Dennoch kommt das Gericht im vorliegenden Fall zu einer Ablehnung des Anspruchs mit der Begründung, die ausgeschriebene Bodenklasse 3 sei nicht mit einer Weiterverwertungsmöglichkeit gleichzusetzen. Diese Bodenklasse schließe nämlich auch Sand mit schluffigen Beimengungen ein, für die der Unternehmer Absatzmöglichkeiten nicht nennen könne. Der Hinweis auf die Bodenuntersuchung in den Vorbemerkungen sei ersichtlich nur unverbindlich. Wenn der Unternehmer den Verkauf des Aushubs anstelle der Abfuhr zur Kippe zur Grundlage seines Angebotes hätte machen wollen, hätte er dies klarstellen müssen.

b) Lärmschutzwall, OLG Düsseldorf vom 4.6.1991[93]

Auch in diesem Falle geht es um einen Baugrubenaushub. Das zu beseitigende Aushubmaterial wurde als Bodenklasse 3 bis 4 bezeichnet. Die zusätzlichen technischen Vorschriften enthielten allerdings den Hinweis „Deponieklasse gemäß Gutachten". In diesem Gutachten war zu lesen, daß die Böden zum Teil der Bodenklasse 2 (fließende Bodenarten) zuzuordnen waren. Der Unternehmer bot im Vertrauen auf die Angabe „Bodenklasse 3 bis 4" der am Vertrag nicht beteiligten Stadt Düsseldorf an, aus dem Aushubmaterial kostenlos einen Lärmschutzwall zu bauen. Im Zuge der Arbeiten stellte sich heraus, daß der Aushub in Wahrheit reiner Torfboden war, der nicht den Bodenklassen 3 bis 4 entsprach. Aus ihm konnte der Lärmschutzwall nur unter Beimischung anderen Bodens errichtet werden. Die Mehrkosten machte der Unternehmer nach § 2 Nr. 5 VOB/B unter Berufung auf abweichende Bodenklassen geltend. Das OLG Düsseldorf hat den Anspruch abgelehnt, weil allenfalls leichter lösbare Böden als die der Bodenklassen 3 bis 4 angetroffen worden seien. Sie hätten den Aushub nur erleichtern, nicht aber erschweren können.

Die Frage, ob der Unternehmer überhaupt das Recht hat, sich auf eine im Leistungsverzeichnis gar nicht vorgesehene Verwendungsmöglichkeit zu berufen, hat das Gericht nicht erörtert.

---
91 Ingenstau/Korbion, B § 2 Rdn. 267.
92 Vygen, BauR 1983, 414, 418.
93 BauR 1991, 774.

c) Schlammsohle Kanalisationsgraben, OLG Hamm vom 17.12.1993[94]

Für eine neue Wohnstraße ist eine Kanalisation zu verlegen. Der Aushub des erforderlichen Rohrgrabens ist in einer Tiefe von 2,25 m auf 3,30 m abfallend ausgeschrieben. Für den Baugrubenverbau aus Kanaldielen (Spundwand) enthält das LV eine gesonderte Zulageposition.

Bei der Kalkulation des Angebotes überlegt sich der Unternehmer, daß er bei Böden der Bodenklassen 3 bis 5, das sind Mischungen aus Sand, Kies, Lehm oder Mergel mit Steinen, das Einrammen der Kanaldielen sparen und statt dessen mit den sonst im Sielbau verwendeten Verbautafeln auskommen kann. Demgemäß bietet er die Zulageposition 1.6 zu dem symbolischen Preis von DM 0,05 an. Sein Angebot wird dadurch konkurrenzlos billig, und er erhält den Auftrag. Für den ersten Streckenabschnitt geht seine Rechnung auch auf. Ab einer Tiefe von 2,50 m stößt der Bauunternehmer jedoch auf eine nicht erwartete Schicht fließenden Bodens. Diesen können die Verbautafeln nicht aufhalten. Er kann der schlammigen Massen nur dadurch Herr werden, daß er das Verfahren der Verbautafeln aufgibt und gemäß der Zulageposition im Leistungsverzeichnis die Baugrube mit der Kanaldielenspundwand abschottet. Mit seinem Zulagepreis von DM 0,05 gibt er sich zufrieden, berechnet aber die durch die Umstellung verursachte Verlängerung der Bauzeit von siebzehn Tagen.[95]

Der Auftraggeber hält ihm entgegen, daß die Schlammschicht zwar im Vertrag nicht vorgesehen gewesen sei. Wenn er aber die im Leistungsverzeichnis ausgeschriebene Spundwand für den Baugrubenverbau von vornherein eingebaut hätte, hätte ihm diese Schlammschicht keine Schwierigkeiten bereitet. Dem hält der Unternehmer entgegen, daß er aufgrund der angegebenen Bodenklassen 3 bis 5 habe davon ausgehen können, ohne Risiko auf die Spundwände verzichten und die einfacheren Verbauwände kalkulieren zu dürfen.

Das OLG Hamm stellt fest, daß die Ausschreibung mit der Angabe der Bodenklassen 3 bis 5 dem Unternehmer seine Kalkulationsgrundlage gebe. In den Grenzen der Ausschreibung könne und müsse er bei der Kalkulation seiner Preise seine Risikoabwägung vornehmen. Bodenerschwernisse durch andere Bodenklassen brauche er, wenn die Ausschreibung klar den Baugrund klassifiziere, nicht einzukalkulieren. Gleichwohl verneint das Gericht einen Vergütungsanspruch für die durch die verlängerte Bauzeit entstande-

---

94 NJW-RR 1994, 406.
95 Einsichtnahme des Verfassers in die Gerichtsakte, dem veröffentlichten Urteilstext so nicht zu entnehmen.

nen Kosten, weil die festgelegten Leistungspflichten durch die Bodenerschwernisse nicht erweitert worden seien. Auch § 2 Nr. 5 VOB/B finde keine Anwendung, weil hinsichtlich der Bauzeitverlängerung keine verpflichtende Anordnung des Auftraggebers vorliege.

Weil sich die Leistungspflichten, wie zuvor festgestellt, nicht geändert hätten, komme auch § 2 Nr. 6 VOB/B nicht in Betracht. Die Stillstandskosten stünden dem Unternehmer aber als Schadensersatz nach § 6 Nr. 6 VOB/B zu. Die sich überraschend offenbarenden Bodenverhältnisse stellten eine vom Auftraggeber zu vertretende Behinderung im Sinne dieser Vorschrift dar. Die Frage des Vertretenmüssens bejaht das OLG im Gegensatz zum Sandlinsenfall des LG Köln. Der planende Ingenieur habe bei seiner mündlichen Anhörung eingeräumt, daß ihm bekannt gewesen sei, daß im Bereich der Kanalisation große Mengen von Schichtwasser auftreten könnten. Somit sei davon auszugehen, daß der Planer die Bodenklassen ohne hinreichende Abstützung auf Belegtatsachen bestimmt habe. Damit trage der Auftraggeber das Risiko der vorwerfbaren Fehleinschätzung seines Planers. Hätte der Unternehmer von vornherein von den unteren fließenden Schichten gewußt, hätte er Vorsorge treffen und die Stillstandszeit vermeiden können.

Das OLG hält den Anspruch auch aus Verschulden bei Vertragsabschluß (c.i.c.) für begründet. Der Unternehmer habe auf die Richtigkeit der angegebenen Bodenklassen vertrauen dürfen und sehe sich hierin enttäuscht.

Anders als das OLG Düsseldorf im Urteil „Baugrubenaushub unverkäuflich"[96] räumt das OLG Hamm dem Unternehmer das Recht ein, auf von der Leistungsbeschreibung abweichende Erleichterungen zu rechnen, wenn diese sich aus einer beigefügten Bodenuntersuchung ableiten lassen. Beide Gerichte gehen damit verschiedene Wege der Auslegung. Das OLG Hamm zieht allerdings nicht die naheliegende Konsequenz, die Nichterfüllung der berechtigten Erleichterungserwartung als Änderung der Leistung anzuerkennen. Diese Entscheidung wertet allein den Leistungserfolg als Leistung und unterscheidet sich damit vom Urteil des BGH Wasserhaltung Weser,[97] in dem trotz gleich gebliebenem Erfolg Raum für eine zusätzlich geschuldete Leistung gesehen wurde.

---

96 Vgl. oben II, 5, a.
97 Vgl. oben II, 3, a, cc.

d) Ergebnis

Das Besondere dieser Fallgruppe liegt in der Auslegung der Leistungsbeschreibung. Nimmt man nur die jeweiligen Beschreibungen zur Ausführung, so vermag der Unternehmer auf keinerlei Abweichung zu verweisen. Erst wenn man die ergänzenden Hinweise hinzunimmt und die aus ihnen zu berechnenden Erleichterungen als Teil der Leistungsbeschreibung anerkennt, kann eine Abweichung zu dem Gesamtinhalt der Leistungsbeschreibung herausgelesen werden. Das OLG Hamm hat dies getan. Die Frage ist, was als vereinbarte Leistung gilt,

— die Leistungsbeschreibung selbst oder

— die Leistungsbeschreibung in Verbindung mit ergänzenden Unterlagen, aus denen sich die Entbehrlichkeit von in der Leistungsbeschreibung vorgesehenen Maßnahmen ergibt.

Nur im letzteren Falle wäre eine Abweichung der tatsächlichen von der vereinbarten Leistung festzustellen.

Die Stillstandskosten im Fall Schlammsohle des OLG Hamm zeigen, daß neben einer Änderung der Leistung ein Behinderungsschaden entstehen kann.

III Die den unterschiedlichen Mehrleistungen gemeinsamen Tatbestandsmerkmale

Auf fünf unterschiedliche Arten ist es zu Mehrleistungen gekommen, jedenfalls aus der Sicht des Unternehmers, über deren Vergütung sich die Vertragsparteien nicht einigen konnten. Die technische Notwendigkeit der jeweiligen Maßnahmen, um deren Vergütung gestritten wurde, hat der Bauherr in keinem der Fälle bezweifelt. Nicht ein Bauherr hat sich gegen die geforderte Zusatzvergütung mit dem Argument verteidigt, das Werk hätte auch ohne die Zusatzmaßnahme hergestellt werden können.

Der Streit ging jeweils um die Frage, ob die notwendige Maßnahme über den vereinbarten Leistungsumfang hinausging, also eine Mehrleistung war. Der Bauunternehmer hat die nach der Leistungsbeschreibung vorgesehene mit der tatsächlich notwendigen Leistung verglichen und ist dabei zu dem Ergebnis gelangt, daß bestimmte zur Herstellung notwendige Maßnahmen in dem vereinbarten Leistungsumfang nicht enthalten gewesen und deshalb als Zusatzleistung zu bewerten sind.

Über die rechtliche Behandlung dieser Mehrleistungen haben die Rechtsprechungsübersicht und die die Urteile kommentierende Literatur eine verwirrende Meinungsvielfalt gezeigt. Sie werden als zusätzliche Leistung, als geänderte Leistung, als Behinderungsschaden oder auch nur als Vertrauensschaden aus Verschulden bei der Vertragsanbahnung eingeordnet.

Es ist aber zu prüfen, ob bei aller äußerlichen Unterschiedlichkeit der Arten von Mehrkosten diese nicht durch gemeinschaftliche Tatbestandsmerkmale verbunden sind. Sollte sich eine Gemeinsamkeit der rechtlich relevanten Tatbestandsmerkmale zeigen, wäre eine einheitliche Rechtsfolge die gebotene Konsequenz.

1 Die zur erfolgreichen Herstellung des Bauwerks notwendige Abweichung von der Leistungsbeschreibung

Soweit die Mehrleistungen in die Substanz des Bauwerks eingehen – das ist der Fall bei den zusätzlich eingebauten Teilen und bei den nachmeßbaren Vergrößerungen vorgesehener Bauteile, den ersten beiden Fallgruppen –, sind sich die Gerichte mit einer Ausnahme einig. Lediglich das OLG Stuttgart hat in seiner Entscheidung Durchgangskühlschrank eine Mehrleistung verneint mit der Begründung, es fehle an der Erheblichkeit. Daß aber diese Entscheidung einer kritischen Prüfung nicht standhält, ist oben bereits dargelegt.[98] Soweit in den Urteilen Rinnsteinangleichung des OLG Düsseldorf vom 14.11.1991, Fundamentverstärkung des OLG Düsseldorf vom 17.5.1991 und Wassergehalt des BGH vom 23.3.1972 eine Vergütung der Mehrleistung verweigert worden ist, beruhte dies darauf, daß die vorherige Vereinbarung der Zusatzmaßnahme und ihrer Vergütung versäumt worden war.[99] Die Tatsache der zusätzlichen Leistung stellen auch diese drei Urteile nicht in Frage, so daß Einigkeit in der Rechtsprechung hinsichtlich der Anerkennung solcher in der Bausubstanz sich verkörpernden Zusatzleistungen als Mehrleistung festzustellen ist.

Hinsichtlich der zusätzlichen Verfahrensmaßnahmen, die sich nicht in der Bausubstanz verkörpern, ist die Antwort der Gerichte uneinheitlich. Von den drei Urteilen Wasserhaltung bestätigen zwei (Wasserhaltung Weser des BGH vom 11.11.1993 und Wasserhaltung Polder des BGH vom 9.4.1992)[100] eine Mehrleistung für den Fall, daß die Maßnahmen von der auszulegenden Leistungsbeschreibung nicht umfaßt waren, das dritte Urteil (Wasserhaltung Kanalisation [frivol] des BGH vom 25.2.1988)[101] verneint unter Berufung auf den geschuldeten Gesamterfolg dagegen eine Mehrleistung. Von den sich mit den Bodenverhältnissen beschäftigenden Urteilen werden die dadurch bedingten Zusatzmaßnahmen unterschiedlich beurteilt. Baustillstandskosten (Urteil Sandlinse des LG Köln vom 16.11.1992[102] und Schlammsohle Kanalisationsgraben des OLG Hamm vom 17.12.1993)[103] und verlängerte Transportzeiten (Wassergehalt Transportschwierigkeiten des BGH vom 20.3.1969)[104] werden nicht als Mehrleistung anerkannt, im Gegensatz zu den zusätzlichen Handlungen wie Zwischenbühne und Aufschlitzen. Die Gerichte machen hier einen Unterschied zwischen der bloßen Verlängerung ohnehin auszuführender Leistungshandlungen und neuen Leistungshandlungen. Die gleiche Meinung vertreten Hochstein[105] und Korbion,[106] wogegen Nicklisch die Verzögerungs- und Stillstandskosten als zusätzliche Vergütung behandeln will.[107]

---

98 Vgl. II, 1, e.
99 Vgl. II, 1, b; II, 2, a und b.
100 Vgl. II, 3, a, bb und cc.
101 Vgl. II, 3, a, aa.
102 Vgl. II, 3, b, cc.
103 Vgl. II, 5, c.
104 Vgl. II, 4, a.
105 Anmerkungen zum Urteil des LG Köln vom 8.5.1979, Schäfer/Finnern/Hochstein Nr. 2 zu § 3 Ziff. 6 VOB/B (52).
106 Ingenstau/Korbion, Rdn. 120 zu § 2 VOB/B.
107 Nicklisch, JZ 1984, 757 ff., 768, vgl. auch oben II, 4, e.

Die zur Herstellung des Bauwerks notwendige Abweichung von der Leistungsbeschreibung

Die drei Entscheidungen der sonstigen Verfahrensänderungen gehen von der Möglichkeit einer Mehrleistung aus. Auch hier hat die zweimal erfolgte Abweisung der Klage des Unternehmers andere Gründe, nämlich die Verneinung einer Abweichung (Kleinschalung Universitätsbibliothek des BGH vom 25.6.1987) sowie das Versäumnis einer vorherigen auftraggeberseitigen Anordnung (Betonpumpe, OLG Düsseldorf vom 13.12.1991).

Die noch nicht erwähnten drei weiteren Entscheidungen zur Gruppe Verlängerung der Ausführungszeit legen in gleicher Weise wie das bereits behandelte Urteil Wassergehalt Transportschwierigkeiten des BGH vom 20.3.1969 den zeitlichen Mehraufwand als Leistungsbehinderung aus und verneinen eine Mehrleistung.

Unterschiedliche Rechtsfolgen basieren auf unterschiedlichen Voraussetzungen, bei gleichen Voraussetzungen soll dagegen auch die Rechtsfolge die gleiche sein. Liegen der unterschiedlichen Einordnung notwendiger Verfahrensänderungen — teils als Mehrleistung, teils als Leistungsbehinderung — unterschiedliche Voraussetzungen zugrunde? Der Auftraggeber verfolgt mit dem Vertragsabschluß das Ziel, zu dem vereinbarten Preis ein für den vorgesehenen Nutzen taugliches Bauwerk zu erhalten. Für ihn liegt der wirtschaftliche Wert der Leistung in dem Nutzeffekt, in der Rendite. Dieser Nutzeffekt hat sich in keiner der fünf Varianten zum Vorteil des Auftraggebers geändert. Die zusätzlichen Teile liefern zwar ein Mehr an Bausubstanz, verhindern aber lediglich, daß der vorgesehene Leistungserfolg verfehlt wird. Wenn Janisch eine auszugleichende Wertsteigerung beispielsweise für die bessere Kellerabdichtung annimmt,[108] so ist dies eine einseitig technische Betrachtungsweise. Wenn der Bauherr infolge der geänderten Ausführungsweise weder den Kaufpreis noch den Mietzins erhöhen kann, fehlt der notgedrungen besseren technischen Ausführung das Merkmal einer zusätzlichen Wertschöpfung.[109]

Das gleiche gilt für die Vergrößerung der Bauteile. Noch viel mehr gilt es für alle Varianten der Ausführungsänderungen. In keinem der Fälle konnten die Gerichte eine Steigerung des Nutzwertes der Bauleistung feststellen. Gleichwohl wurde der Auftraggeber zu einer Zusatzvergütung verpflichtet. Grundlage der Entscheidungen war allein die Tatsache, daß von den vorgegebenen Leistungsbeschreibungen abgewichen werden mußte und die Abweichung als Mehrleistung bewertet wurde.

Für den Auftraggeber macht es wirtschaftlich gesehen keinen Unterschied, ob er die zusätzliche Vergütung für eine Erweiterung der Bausubstanz, für

---
108 Janisch, Haftung für Baumängel und Vorteilsausgleich, Seite 67.
109 Vgl. zu dieser Wortschöpfung Seiler in Ermann/Seiler, § 631, Anm. 2.

zusätzliche Verfahrensleistungen oder für verlängerte Ausführungszeit zahlen muß. Er muß in allen Fällen mehr bezahlen für einen aus seiner Sicht nicht veränderten Leistungserfolg.

Seine Verwendungskalkulation beruht auf einer Investitionssumme, bei deren Höhe er sich sicher glaubt, und den Ertragserwartungen, die er an die Investition knüpft. Die Ertragsmöglichkeiten ändern sich um keinen Pfennig, wenn durch die Mehrleistung lediglich die Gebrauchsfähigkeit einschränkende Fehler vermieden werden. Soweit der Auftraggeber die öffentliche Hand ist, ist dieser ein solches Rendite-Denken zwar fremd. Ihre Organe unterliegen aber dem Gesetz der sparsamen Haushaltsführung, so daß auch sie prüfen müssen, ob der öffentliche Nutzen einer Baumaßnahme den Kostenaufwand rechtfertigt.

Der Unternehmer auf der anderen Seite hat bei Abschluß des Vertrages aus der Leistungsbeschreibung die für die Herstellung des Bauwerks erforderlichen Maßnahmen abgelesen und auf dieser Grundlage seine Preise gebildet. Wenn sich zeigt, daß die tatsächlichen Erfordernisse mit der Leistungsbeschreibung und damit seiner Preisermittlungsgrundlage nicht übereinstimmen, muß er Zusatzmaßnahmen ergreifen, um das Werk doch noch herzustellen. Ob er dabei ein zusätzliches Teil einbaut, die Betonschalung in Kleinbastelarbeit statt in Großtafelschalung fertigen muß oder ob er längere Zeit für die sich in dem weichen Grund festfahrenden Fahrzeuge aufwenden muß, in jedem Falle hat er höhere Kosten als er nach der Beschreibung erwarten mußte. Auch für ihn macht es keinen Unterschied, an welcher Stelle sein Aufwand von der Kalkulation abweicht.[110]

Diese wirtschaftliche Betrachtungsweise führt also zu dem Ergebnis, daß es nicht gerechtfertigt ist, zwischen einer Verlängerung der Ausführung und einer Änderung des Verfahrens einen Unterschied zu machen. Die alleinige Richtschnur ist der Vergleich der beschriebenen mit der auszuführenden Leistung. Wenn sich beide unterscheiden, ist der Tatbestand erfüllt, daß mehr geleistet wird als nach der Beschreibung vorgesehen. Das gilt für Abweichungen der Art und Weise wie der Dauer der Ausführung.[111]

Mehrleistung und Leistungsbehinderung sind keine Alternativen, sie können vielmehr nebeneinander auftreten. Notwendige Mehrleistungen können gleichzeitig eine Behinderung in dem Sinne bedeuten, daß die vorgesehene Ausführungszeit verlängert werden muß. Es kann außerdem neben der

---

110 Zur gleichen wirtschaftlichen Bedeutung von Zusatzvergütung und Ersatz des Behinderungsschadens eingehend Piel in FS Korbion, S. 349 ff., 353.
111 Im Ergebnis so auch Nicklisch in Nicklisch/Weick, Einleitung §§ 4 bis 13, Rdn. 34 a.E.

Mehrleistung ein Behinderungsschaden anfallen, wie beispielsweise im Fall Sandlinse des LG Köln vom 16.11.1982 hinsichtlich der Stillstandskosten. Während der Stillstandszeit wird nichts geleistet, im Gegensatz zur verlängerten Ausführungszeit, in der sehr wohl geleistet wird, nur mit erhöhtem Zeitaufwand.

Wer immer die Kosten der notwendigen Mehrleistung zu tragen hat, ob der Unternehmer oder der Bauherr, muß seine dem Vertragsschluß zugrunde gelegte Kalkulation revidieren. Das erschwert die Lösung des Konflikts.

2 Die Unmöglichkeit kurzfristiger Klärung der Abweichung

Der Einblick in die Rechtsprechung zeigt als weiteres Charakteristikum, daß die Vertragspartner in dem Moment, in dem über die zu ergreifende Maßnahme entschieden werden muß, nicht überblicken können, ob sie damit mehr leisten als in der Leistungsbeschreibung vorgesehen war. Die Zweifel können in der Auslegung des Vertrages oder in der Beurteilung der tatsächlichen Verhältnisse liegen.

Bei den Fällen der zusätzlich eingebauten Teile war die Abweichung gegenüber der Leistungsbeschreibung offenkundig, die Schwimmbadheizregister und die Durchgangskühlschränke brauchten nur gezählt zu werden, die Kellerabdichtung gegen drückendes Wasser war ausdrücklich aus der Leistungsbeschreibung gestrichen, die Abdichtung der Altbauwand nicht vorgesehen. Allenfalls bei der Rinnsteinangleichung mag es schwieriger gewesen sein, das Leistungsverzeichnis daraufhin durchzusehen, ob diese Leistung in einer der Positionen enthalten war.

Das Problem bei den Fällen dieser Gruppe lag in der Auslegung der Verträge. Schloß die Pauschalpreisabrede die Kellerabdichtung gegen drückendes Wasser, die Abdichtung der Altbauwand oder den zweiten Durchgangskühlschrank ein, obwohl das Leistungsverzeichnis diese nicht vorsah? Wenn diese Frage mehrere Gerichtsinstanzen beschäftigt hat, hätte sie kaum auf der Baustelle gelöst werden können. Wenn im Fall Rinnsteinangleichung das Gericht argumentiert hat, der Vertreter des Auftraggebers habe nicht überblicken können, ob die Leistung in einer Position des Leistungsverzeichnisses enthalten war, kann die Dringlichkeit der Maßnahme wegen der Unfallgefahr einer vorherigen Prüfung des Leistungsverzeichnisses im Wege gestanden haben. Lediglich im Fall Schwimmbadheizregister ist kein Grund ersichtlich, der den Auftraggeber an der notwendigen Zusatzbeauftragung hätte zweifeln lassen können.

Die den unterschiedlichen Mehrleistungen gemeinsamen Tatbestandsmerkmale

Bei den Fällen Vergrößerung vorgesehener Bauteile ist ebenfalls bis zum Abschluß der Gerichtsverfahren streitig gewesen, ob die Volumenvergrößerung des Straßenkörpers, die Fundamentverstärkung oder der Tieferaushub für die Fernleitung im Pauschalpreis inbegriffen waren. Für den notwendigen Tieferaushub der Straße konnten sich die Parteien nicht darauf verständigen, ob dies eine bloße im Pauschalpreis inbegriffene Massenmehrung oder eine andere Leistung war. Auch in diesen Fällen hätte auf der Baustelle kaum Klarheit gefunden werden können.

In den drei Fällen Wasserhaltung überlagern sich die rechtliche und die tatsächliche Klärung. Beim Fall Wasserhaltung Kanalisation (frivol) war zweifelhaft, ob die geänderte Wasserhaltung in der Gesamtleistung Fertigstellung der Kanalisation enthalten war. Beim Fall Wasserhaltung Polder konnte selbst der BGH noch nicht endgültig entscheiden, ob die Anordnung des Ingenieurbüros des Auftraggebers eine leistungsändernde oder eine leistungssichernde war. Er mußte die Frage zur weiteren Klärung dem Berufungsgericht zurückgeben. Beim Fall Wasserhaltung Weser schließlich war sowohl die Auslegung des Vertrages ein Thema, das auch hier der BGH noch nicht endgültig erledigen konnte, wie auch die Prüfung der Frage, ob die Grundwasserverhältnisse tatsächlich von der Leistungsbeschreibung abwichen.

Von den vier Fällen der geänderten Bearbeitung des Bodens ragt der Fall Schlitzwandgreifer dadurch heraus, daß die Schwierigkeit, die Frage zu klären, ob der einbetonierte Schlitzwandgreifer nur gegen Zusatzvergütung freigelegt und an seiner Stelle die Schlitzwand nachgefertigt werden sollte, durch die Vereinbarung eines Sachverständigengutachtens und die damit verbundene bedingte Zusatzbeauftragung überbrückt wurde. In den drei anderen Fällen wußte weder der Auftragnehmer bei der Ausführung, ob die Beimischung zerkleinerten Felses in den zu verdichtenden Boden, der Aushub abweichenden Bodens von ein Meter Tiefe bis vier Meter Tiefe und die Bewältigung der bindungslosen Sandlinse zusätzlich vergütet werden, noch wußte der Auftraggeber, ob er zusätzliches Geld werde zahlen müssen.

Von den Fällen der sonstigen Verfahrensänderungen blieb die Auslegung der Leistungsbeschreibung hinsichtlich der Frage Großtafelschalung oder Kleinschalung sowie der Wiederverwendbarkeit der Spanngarnituren bis in die dritte Instanz streitig. Der Fall Betonpumpe zeigt, daß bei dem heutigen Bautempo schon allein aus Zeitgründen die vorherige rechtsgeschäftliche Klärung eines Mehrvergütungsanspruchs nicht möglich ist. Der zusätzliche Einsatz der Betonpumpe war bereits beendet, bevor die Ankündigung den Auftraggeber erreichen konnte.

Bei den vier Fällen Verlängerung der Ausführungszeit war es streitig, ob diese als Leistungsänderung oder als Behinderung einzuordnen war. Für den zweiten Fall stellte sich dann die Frage, ob die Behinderung vom Auftraggeber zu vertreten war. Auch in diesen vier Fällen war eine Klärung der Mehrvergütung oder des Schadensersatzes erst mit Hilfe der Gerichte möglich.

Gleiches gilt schließlich auch für die letzte Gruppe, die drei Fälle der nicht erfüllten Erleichterungserwartung. Ob der Unternehmer die Verkäuflichkeit des Baugrubenaushubs oder die Verwendbarkeit für einen Lärmschutzwall vertraglich zugrunde legen konnte, ist erst durch die Gerichte entschieden. Das gleiche galt für die Verwendbarkeit der Verbautafeln anstelle des Spundwandbaugrubenverbaus im Falle Schlammsohle Kanalisationsgraben.

Die damit offenkundige Schwierigkeit, vor der Ausführung zu klären, ob eine Mehrleistung vorliegt, kollidiert mit dem Zwang, das Bauvorhaben zügig voranzubringen. Der Terminplan muß eingehalten werden, nicht nur weil jeder Handwerker darauf wartet, daß die Vorleistung beendet ist und er mit seinem Leistungsteil beginnen kann, sondern auch wegen der Einhaltung des Endtermins, für den in der Regel langfristig die Inbenutzungnahme festgelegt ist.

In Anbetracht dieses Termindrucks muß die Diskussion auf die Klärung technischer Zweifelsfragen beschränkt bleiben. Die Fertigstellung hat Vorrang. Der Einblick in die Rechtsprechung hat gezeigt, daß die Gerichte sich in keinem einzigen Fall mit der Frage beschäftigen mußten, ob es an der technischen Abstimmung gefehlt hat. Schwierigkeiten haben die Rechtsfolgen bereitet. Bis zu ihrer Klärung kann man nicht warten. In dem Fall Schlitzwandgreifer haben die Parteien das Problem in mustergültiger Weise durch die Zwischenvereinbarung gelöst. Auch die Entscheidung Wasserhaltung Polder des BGH[112] wird dem Problem gerecht. Die rechtliche Beurteilung der vom Ingenieurbüro erteilten Ausführungsanordnungen wird von der erst durch das Gerichtsverfahren zu klärenden Frage abhängig gemacht, ob die Anordnung auf die Leistung eingewirkt hat.

Nicklisch empfiehlt zwar neutrale Hilfe bei der vertragsbegleitenden Entscheidungsfindung.[113] Ein von ihm vorgeschlagener technischer Schiedsgutachter wird, wenn seine Hinzuziehung vereinbart ist, kurzfristig auch nur beweissichernd die tatsächlichen Verhältnisse festhalten, dagegen kaum mit der nötigen Schnelligkeit die Auswertung vornehmen oder gar die rechtlichen Konsequenzen entscheiden können.

---

112 BGH vom 9.4.1992, BauR 1992, 759 = NJW 1992, 2823 = ZfBR 1992, 211 = NJW-RR 1992, 1046, vgl. oben II, 3, a, bb.
113 Nicklisch, JZ 1984, 757 ff., 771 sowie in Nicklisch/Weick, Einleitung, Rdn. 6.

Gerade die schwierige Frage, ob die Boden- und Grundwasserverhältnisse von der Leistungsbeschreibung abweichen, ist in der Regel nur mit Hilfe von Gutachten zu klären, deren Erstattung ihre Zeit braucht.

Während der Bauausführung kann nicht geklärt werden, ob der Bauunternehmer Anspruch auf zusätzliche Vergütung hat. Damit existiert für beide Vertragsparteien Unsicherheit. Der Unternehmer weiß nicht, ob er die Mehrleistung ohne besonderen Auftrag erbringen darf, wenn er sie bezahlt haben möchte. Der Auftraggeber weiß nicht, ob seine Finanzierung durch mögliche Mehrvergütungsansprüche überfordert werden könnte, wenn er die Mehrleistung hinnimmt. Muß man mit dieser Unsicherheit also leben? Die zu lösende Frage ist die nach dem Inhalt der werkvertraglichen Leistung. Über das korrekte Verständnis der Leistungsvereinbarung einerseits und der Vergütungsvereinbarung andererseits muß eine Klärung der Leistungspflicht des Bauunternehmers und der Zahlungspflicht des Bauherrn gesucht werden.

3 Ergebnis

Den fünf sich in ihrer technischen Ausgestaltung unterscheidenden Arten notwendiger Mehrleistungen ist gemeinsam, daß sie ein Abweichen von der nach der Leistungsbeschreibung kalkulierten Ausführungsweise bedeuten. Die Abweichung ist unumgänglich, soll das Werk wie vorgesehen fertiggestellt werden. Die Kosten sind aber in den Vertragspreisen nicht enthalten.

Über eine Vertragsergänzung, die die zutage getretene Diskrepanz zwischen Leistungsbeschreibung und Leistungserfolg beseitigen würde, können die Parteien sich nicht einigen. Die Entscheidung, wie weiterzuarbeiten ist, muß aber kurzfristig fallen, weil der Bau keinen Stillstand duldet. Deshalb bleibt nur der ursprüngliche Vertrag als Rechtsquelle für die Suche nach einer Antwort. Es sind zunächst die Beweggründe festzustellen, die zu einer Vertragskonstruktion führen, die das Ungleichgewicht zwischen Leistungsbeschreibung und Leistungserfolg möglich macht. Das damit gewonnene Verständnis der Hintergründe gibt die Basis für die Auslegung der Leistungs- und Vergütungsvereinbarung.

IV Die werkvertragliche Leistung und ihre Beschreibung

1 Die grundsätzliche Erfolgsbezogenheit der werkvertraglichen Leistung

Mit der Vereinbarung eines Leistungsaustausches, dem Regelfall des schuldrechtlichen Vertrages, entstehen die wechselseitigen Leistungsschulden. Sie erlöschen, wenn die geschuldeten Leistungen an den Gläubiger bewirkt werden (§ 362 BGB). Im Sinne dieser Vorschrift wird die geschuldete Leistung grundsätzlich dadurch bewirkt, daß der Schuldner den vertragsgemäßen Erfolg herbeiführt.[114] Die Vornahme der Leistungshandlung genügt nur dann, wenn ein Unterlassen oder eine nicht erfolgsbezogene Tätigkeit nach dem Inhalt des Vertrages geschuldet wird.[115]

Der Inhalt des werkvertraglichen Leistungsbegriffs wird durch das Bürgerliche Gesetzbuch bestimmt. Gemäß § 631 Abs. 1 BGB verpflichtet sich der Unternehmer zur Herstellung des versprochenen Werkes. Die Formulierung im Abs. 2 des § 631 BGB, daß Gegenstand des Werkvertrages sowohl die Herstellung oder Veränderung einer Sache als auch ein anderer durch Arbeit oder Dienstleistung herbeizuführender *Erfolg* sein könne, bekräftigt, daß nicht die Bemühungen des Unternehmers, sondern ihr Ergebnis die Leistung ist, durch deren Bewirken er seine Verpflichtung erfüllt (§ 362 Abs. 1 BGB).[116] Der Erfolg wird als der Zentralbegriff der Werkleistung bezeichnet.[117] In der ausgeprägten Erfolgsbezogenheit der Unternehmerverpflichtung wird das Wesen des Werkvertrages gesehen.[118] Die Herbeiführung dieses Erfolges ist dabei die primäre Leistungsverpflichtung des Werkunternehmers, für deren Erbringung er ohne Rücksicht auf Verschulden einzustehen hat.[119] Den Unternehmer trifft für die Entstehung eines mangelfreien zweckgerechten Werkes eine verschuldensunabhängige Garantiehaftung.[120]

Wie ein roter Faden zieht sich diese Erfolgsorientiertheit des Leistungsbegriffs durch die weiteren Bestimmungen des Werkvertragsrechts des BGB.

---

114 Gernhuber, Die Erfüllung und ihre Surrogate, 1983, S. 96, MünchKomm/ Heinrichs, § 362 Rdn. 2 und BGHZ Bd. 12, 267, 268.
115 MünchKomm/Heinrichs, § 362 BGB Rdn. 2.
116 Kleine-Möller/Merl/Oelmaier, § 9 Rdn. 1.
117 Staudinger/Peters, § 631 Rdn. 2.
118 MünchKomm/Soergel, Rdn. 4 zu § 631 BGB.
119 So jüngst wieder wörtlich der BGH in seinem Urteil vom 26.1.1995, Schäfer/ Finnern/Hochstein, Nr. 20 zu § 632 BGB.
120 Nicklisch, JZ 1984, 757 ff.

Gemäß § 633 BGB hat der Unternehmer das Werk so herzustellen, daß es zu dem gewöhnlichen oder dem nach dem Vertrage vorausgesetzten Gebrauch tauglich ist. Nur ein vollendetes Werk kann diese Anforderungen erfüllen. Wenn das Werk trotz aller Bemühungen des Unternehmers nicht fertig wird, kann der Besteller es nicht gebrauchen, es ist für ihn also wertlos.

Nach § 641 Abs. 1 BGB ist die Vergütung für die Werkleistung erst bei der Abnahme zu entrichten. Zu ihr ist der Besteller gemäß § 640 Abs. 1 BGB nur verpflichtet, wenn das Werk vertragsgemäß hergestellt ist. Hat der Unternehmer das Werk nicht abgeschlossen, hat er keinen Anspruch auf Abnahme und damit keine Chance, die Fälligkeit der Vergütung herbeizuführen, also in den Genuß des Lohnes seiner Arbeit zu gelangen.

In zwei Erscheinungen begegnet uns der Leistungsbegriff im Werkvertragsrecht. Einmal ist die Leistung Inhalt der übereinstimmenden Willenserklärungen, die zum Abschluß des Werkvertrages führen, §§ 631, 633 BGB. Danach ist die Leistung die Vorstellung der Vertragspartner über die Herstellung des versprochenen Werkes in vertragsgemäßer Qualität. Die Leistung wird damit Inhalt des Leistungsanspruchs des Bestellers und zugleich der Leistungspflicht des Unternehmers. Die Leistung existiert in dieser Phase als Idee der Vertragspartner – des Unternehmers, was er herstellen soll, und des Auftraggebers, was er erwarten darf. Kapellmann nennt sie das Bau-Soll.[121]

Mit der vollendeten Herstellung des Werkes gewinnt die Leistung körperliche Gestalt und ist als solche abnahmefähig, § 640 BGB. Stimmen das versprochene und das hergestellte Werk überein und ist es mangelfrei, ist die Leistungspflicht erfüllt. Von Kapellmann das Bau-Ist genannt.[122]

Diese Erfolgsabhängigkeit der Werkleistung unterscheidet sie von der Dienstleistung des Dienstvertrages, §§ 611 ff. BGB, oder des Auftragsverhältnisses, §§ 662 ff. BGB. Auch diese Leistungen beruhen ebenso wie die Werkleistung auf einer Tätigkeit des Auftragnehmers für den Auftraggeber. Die Dienstleistenden haften aber nicht für den Erfolg ihrer Tätigkeit, sie sind lediglich zur sorgfältigen Ausführung ihrer Dienste verpflichtet.[123] Ein Beispiel für diesen Unterschied bietet das Urteil des BGH vom 11.3.1982,[124] in dem über das Honorar für die Bauführertätigkeit eines Architekten zu entscheiden war. Der Bauherr hatte behauptet, er habe den Architekten nie auf der Baustelle gesehen, der Architekt habe lediglich die geschäftliche und

---

121 Kapellmann/Schiffers, Bd. 1, Einheitspreisvertrag, Rdn. 4.
122 Kapellmann/Schiffers, Bd. 1, Einheitspreisvertrag, Rdn. 100.
123 MünchKomm/Soergel, Rdn. 8, 19 zu § 631 BGB.
124 BauR 1982, 290; vgl. auch Eich in BauR 1995, 31 ff., BGHZ 83, 181; NJW 1982, 1387; ZfBR 1982, 126; BB 1982, 1199.

technische Oberleitung wahrgenommen. Honorar für die Bauführung stehe ihm daher nicht zu. Landgericht und Oberlandesgericht waren seiner Ansicht gefolgt. Vom BGH mußte der Bauherr sich aber belehren lassen, daß ein Architektenvertrag, der sämtliche Architektenleistungen umfaßt, ein einheitliches Ganzes darstelle. Ein derartiger Vertrag sei ein Werkvertrag, dessen Ziel vor allem darin bestehe, das Bauwerk mangelfrei entstehen zu lassen. Für die Erreichung dieses Hauptzwecks schulde der Architekt nicht die Einzeltätigkeit, sondern die einwandfreie Gesamtleistung. In der Art seiner Aufgabenerfüllung, insbesondere dem Umfang der Aufsichtsleistung, sei er frei. Dementsprechend sei sein Honorar allein objekt-, nicht zeit- oder tätigkeitsbezogen. Das finde seine Rechtfertigung darin, daß es dem Bauherrn im Ergebnis lediglich auf die ordnungsgemäße Errichtung des Bauwerks ankomme. Es sei für ihn in der Regel ohne Interesse, wie der Architekt den angestrebten Erfolg herbeiführe und welchen Arbeitseinsatz er dafür für erforderlich halte. Der BGH hat dem Architekten das geforderte Honorar zugesprochen.

Der Bauvertrag ist ein Sonderfall des Werkvertrages. Für ihn werden keine spezifischen Besonderheiten angenommen. Auch der Bauunternehmer schuldet den vereinbarten Leistungserfolg, nicht die Arbeit oder seine Bemühungen.[125] Übernimmt auch die VOB die Erfolgsbezogenheit des werkvertraglichen Leistungsbegriffs?

Die Eingangsbestimmung der VOB, § 1 Nr. 1 VOB/A, definiert die Leistung in der aufgrund der Anpassung an die Baukoordinierungsrichtlinie geltenden Fassung Juli 1990 wie folgt:

Bauleistungen sind Arbeiten jeder Art, durch die eine bauliche Anlage hergestellt, instandgesetzt, geändert oder beseitigt wird.

Die Verwendung des Wortes „hergestellt" nimmt das in § 631 Abs. 1 BGB verwendete Wort „Herstellung" auf und drückt damit den gleichen Sinngehalt aus: den Erfolg der Arbeiten, der in der mangelfreien Vollendung der baulichen Anlage liegt. Die Varianten *instandgesetzt, geändert* oder *beseitigt* bedeuten keine Abweichungen von dieser Grundaussage, dürfen sie doch als Sonderformen des Oberbegriffs *hergestellt* gesehen werden. In diesem Sinne der erfolgreichen Herstellung klärt die Einleitungsvorschrift die Frage, welche Leistungen als Gegenstand eines VOB-Bauvertrages in Frage kommen.[126]

---

125 Locher, Das private Baurecht, Rdn. 22; Kleine-Möller, Handbuch des privaten Baurechts, § 9 Rdn. 24; Heiermann/Riedl/Rusam, A § 1, Rdn. 5.
126 Ingenstau/Korbion, Rdn. 1 zu § 1 VOB/A; Heiermann/Riedl/Rusam, A § 1 Nr. 1; Nicklisch/Weick, § 1, Rdn. 3.

Hat das Vergabeverfahren zu einem Vertragsschluß geführt, erlangen die Allgemeinen Vertragsbedingungen, VOB/B, Maßgeblichkeit. Sie beginnen in § 1 Nr. 1 mit der folgenden Feststellung:

Die auszuführende Leistung wird nach Art und Umfang durch den Vertrag bestimmt. Als Bestandteil des Vertrages gelten auch die Allgemeinen Technischen Vertragsbedingungen für Bauleistungen.

Der Begriff „Bauleistung" in § 1 VOB/A ist begriffsidentisch mit dem der „Leistung" im Teil B der VOB.[127]

Verbindet man die Definition des § 1 Nr. 1 VOB/A mit der des § 1 Nr. 1 VOB/B, so ergibt sich, daß die auszuführende Leistung die Herstellung der baulichen Anlage ist und dieses zu schaffende Endprodukt nach Art und Umfang durch den Vertrag und durch die Allgemeinen Technischen Vertragsbedingungen (ATV) bestimmt wird. In den Erwägungsgründen und Hinweisen des Deutschen Verdingungsausschusses zur Neufassung der VOB Ausgabe 73 heißt es dazu, daß die Leistung der „Gesamtgegenstand des abgeschlossenen Vertrages" sei. Diese Definition wird von der Mehrzahl der Kommentatoren übernommen.[128] Sie enthält allerdings keinen Hinweis auf die Erfolgsbezogenheit der Bauleistung, schränkt sie andererseits aber auch nicht ein.

Die Abnahmeregelung des § 12 Abs. 1 VOB/B bestätigt ebenso wie die des BGB den Erfolg als Leistungsinhalt. Danach hat der Auftraggeber auf Verlangen des Auftragnehmers nach der Fertigstellung die Abnahme der Leistung durchzuführen. Die Fälligkeit der Schlußzahlung hängt gemäß § 16 Nr. 3 VOB/B zwar abweichend vom BGB nicht von der Abnahme, sondern von der Prüfung und Feststellung der vom Auftragnehmer vorgelegten Schlußrechnung ab. Rechtsprechung und Literatur sind sich aber einig, daß trotz fehlenden ausdrücklichen Hinweises in der VOB weitere Fälligkeitsvoraussetzung nach der ergänzend heranzuziehenden Vorschrift des § 641 Abs. 1 S. 1 BGB die Abnahme ist.[129] Der Unternehmer kommt also auch nach der VOB nur in den Genuß der Schlußzahlung, wenn ihm die Fertigstellung gelungen ist.

Schließlich erstreckt sich ebenso wie im BGB die Gewährleistungspflicht des Bauunternehmers nach § 13 Nr. 1 VOB/B auf die Tauglichkeit zu dem nach

---

127 Ingenstau/Korbion, vor B, Rdn. 6.
128 Ingenstau/Korbion, vor B, Rdn. 3; Nicklisch/Weick, Rdn. 3 zu § 1 VOB/B; Heiermann/Riedl/Rusam, Rdn. 15 zu § 1 VOB/B.
129 Ingenstau/Korbion, Rd. 16 zu § 16 VOB/B; Heiermann/Riedl/Rusam, Rd. 5 zu § 16 VOB/B.

dem Vertrag vorausgesetzten Gebrauch. Nur ein fertiges Werk kann der Auftraggeber in Benutzung nehmen, eine unfertige bauliche Anlage nützt ihm nichts.

Es ist danach festzustellen, daß auch der Leistungsbegriff der VOB von der uneingeschränkten Erfolgsbezogenheit geprägt wird.

Wenn allein der Erfolg die Leistung ist, kann der für ihn erforderliche Aufwand den Auftraggeber nicht berühren. Er hat das Endergebnis bestellt, nicht einen bestimmten Aufwand. Das Aufwandsrisiko läge allein beim Unternehmer, über eine Mehrvergütung könnte nur gesprochen werden, wenn sich am abgelieferten Ergebnis etwas geändert hätte.

Diese Übernahme des Aufwandsrisikos durch den Unternehmer geht aber davon aus, daß er allein ihn auch bestimmt, also ihm die Planung dieses Aufwandes überlassen bleibt. Die Vorausschau der Kosten ist dem Unternehmer möglich, wenn er das Werk allein herstellt, insbesondere die Planung wie die Ausführung in seiner Hand liegen. Das ist die Vorstellung, die der Gegenüberstellung Herstellung des Werkes/vereinbarte Vergütung des § 632 BGB zugrunde liegt. Dem Gesetzgeber standen überschaubare handwerkliche Leistungen vor Augen.[130] Eine zuverlässige Vorausschau der Kosten ist ihm insoweit aber nicht möglich, als der Unternehmer aufgefordert ist, seinen Preisen eine bestimmte Art und Weise der Ausführung zugrunde zu legen, als ihm die Art und Weise der Ausführung in der Leistungsbeschreibung vorgegeben wird. Es wäre widersprüchlich, wenn man von dem Unternehmer einerseits einen bestimmten Erfolg zu einem bestimmten Preis erwarten würde, ihm andererseits aber vorschreiben wollte, auf welche Weise er diesen zu erreichen hätte.[131] In gleicher Weise wäre es widersinnig, den Unternehmer aufzufordern, seiner Preisermittlung bestimmte auftraggeberseitige Angaben zum Aufwand zugrunde zu legen, beispielsweise eine bestimmte Form der Kellerabdichtung, ihn im Falle der Unzulänglichkeit derartiger Aufwandsangaben aber gleichwohl an seinem Preis festzuhalten.

Will die Leistungsbeschreibung den Erfolg zum Inhalt der Leistung machen, haben Angaben zum Aufwand in ihr nichts verloren. Die Beschreibung müßte sich auf das beschränken, was die Leistung sein soll, das abzuliefernde Werk. Berücksichtigen die Leistungsbeschreibungen der Fälle der Rechtsprechungsübersicht das?

---

130 Dazu näher Nicklisch in JZ 1984, 757 ff., 759.
131 Staudinger/Peters, Vorbem. zu §§ 631 f. BGB, Rdn. 47.

2 Die mangelnde Übereinstimmung der Beschreibung der Leistung mit ihrer Erfolgsbezogenheit

Im Fall Schwimmbadheizregister[132] war das herzustellende Werk aus der Nutzerperspektive eine Heizungsanlage, die das Schwimmbad zufriedenstellend zu erwärmen in der Lage ist und ausreichende Regulierungsmöglichkeiten für die individuellen Bedürfnisse offenhält. Die Leistungsbeschreibung hätte also aus der näheren Beschreibung des Schwimmbades (Rauminhalt, Wasseroberfläche), der gewünschten Temperatur und den gewünschten Regulierungsmöglichkeiten bestehen sollen. Die Angabe, daß zehn Heizregister vorzusehen seien, betrifft nicht den Nutzeffekt, sondern die Art und Weise, wie er erreicht werden soll. Warum hat der Auftraggeber seinem Unternehmer nicht überlassen, Heizregister in der für eine ordnungsgemäße Beheizung erforderlichen Zahl einzubauen, sich also in seiner Leistungsbeschreibung nicht darauf beschränkt, den Leistungserfolg zu bezeichnen?

In dem Fall Kellerabdichtung I[133] war das vom Unternehmer herzustellende Werk die schlüsselfertige und vermietungsfähige Errichtung der Wohnanlage. Die Leistungsbeschreibung hätte also aus den Grundrissen, der Beschreibung des Aussehens und den Angaben zur Ausstattung und etwaigen sonstigen unter dem Nutzungsaspekt wichtigen Merkmalen bestehen sollen. Die Angabe, daß als Kellerabdichtung eine solche gegen einfache Erdfeuchte vorzusehen sei, geht über eine solche Beschreibung hinaus. Für den Besteller ist das herzustellende Werk der trockene Keller. Ob die Trockenheit mit einfacher Isolierung oder einer aufwendigeren gegen drückendes Wasser zu erreichen ist, ist nicht eine Frage der Tauglichkeit des herzustellenden Werkes, sondern der Art und Weise, wie dieser Erfolg erreicht werden kann.

Auch für die Großkühlanlage[134] hätte der Auftraggeber ihre Kühlleistung nach Menge, Kühltemperatur, Gefriergeschwindigkeit und sonstigen aus der Sicht des künftigen Nutzers wichtigen Angaben vorgeben können. Warum hat er ein Leistungsverzeichnis über die Einzelteile gefertigt und sich damit dem Risiko ausgesetzt, sich hinsichtlich der erforderlichen Zahl der Durchgangskühlschränke zu verzählen?

In den Fällen Rinnsteinangleichung[135] und Kellerabdichtung II[136] waren die Leistungen ebenfalls nicht durch eine funktionale Beschreibung des fertigen

---

132 Vgl. oben II, 1, a.
133 Vgl. oben II, 1, c.
134 Vgl. oben II, 1, e.
135 Vgl. oben II, 1, b.
136 Vgl. oben II, 1, d.

Werkes dargestellt. Vorgegebener Leistungsumfang war ein in Einzelpositionen gegliedertes Leistungsverzeichnis. Leistungsverzeichnisse enthalten die Aussage, daß die aufgelisteten Positionen notwendig und zugleich ausreichend sind, das Werk vollständig herzustellen, kennzeichnen damit also im einzelnen den erforderlichen Aufwand, wie er der Kalkulation des Angebotspreises zugrunde gelegt werden soll.

Für die zweite Fallgruppe, Vergrößerung vorgesehener Bauteile, hat der BGH in seiner Entscheidung Wassergehalt Baugrund Straße[137] klar ausgedrückt, daß die Leistung nicht nur durch die Angabe über die Fläche und Decke der herzustellenden Straße, also den Leistungserfolg, sondern auch über die Ausführungsart und die Bautiefe sowie die anzulegenden Schichten, also den erwarteten Aufwand, näher bestimmt sei. Letzterer ist aber nicht Selbstzweck, sondern der erwartete Aufwand für die Herstellung der Straße. Beim Fall Fundamentverstärkung[138] waren Bodenverhältnisse beschrieben, von denen der Bombentrichter abwich. Die Bodenverhältnisse sind aber nicht eine Eigenschaft des fertigen Hauses, sondern Bedingung seiner Errichtung. Bei den beiden Fällen Tieferaushub Fernleitung[139] und Tieferaushub Straße[140] waren die Aushubtiefen angegeben worden, obwohl das Werk nur die Leitung beziehungsweise die Straße mit bestimmter Leistungsfähigkeit war. Auch in diesen Fällen ist also die Beschreibung des Leistungserfolges, des herzustellenden Werkes, durch Angaben zum Aufwand ergänzt.

Die Hinweise zu den Grundwasserverhältnissen[141] kennzeichnen nicht die Qualität oder Leistungsfähigkeit der zu verlegenden Kanalisation, sondern lassen lediglich Rückschlüsse auf den erforderlichen Wasserhaltungsaufwand zu. Die Beschreibungen der Bodenverhältnisse[142] kennzeichnen ebenfalls nicht das herzustellende Werk, sondern geben dem Unternehmer Hinweise, mit welchen Schwierigkeiten er beim Lösen und Wiedereinbauen des Bodens rechnen muß. Gleiches gilt für den Hinweis „Großtafelschalung"[143] oder die aus der Beschreibung zu erwartende Wiederverwendbarkeit von Spanngarnituren.[144]

Daß der Bodentransport durch die Bahnhofstraße[145] erfolgen soll, ist ein Ausführungshinweis, keine Beschreibung des ausgeschriebenen Werkes.

---

137 Vgl. oben II, 2, a.
138 Vgl. oben II, 2, b.
139 Vgl. oben II, 2, c.
140 Vgl. oben II, 2, d.
141 Vgl. oben II, 3, a.
142 Vgl. oben II, 3, b.
143 Vgl. oben II, 3, c, aa.
144 Vgl. oben II, 3, c, bb.
145 Vgl. oben II, 4, c.

Das besteht aus dem Wegschaffen des Bodens von der Baustelle. Die Nennung einer bestimmten Deponie[146] für die Entsorgung des Aushubes beschreibt nicht die zu schaffende Baugrube, sondern nennt den Ort, wo der Unternehmer mit dem Aushub bleiben soll.

Schließlich haben sich auch die nicht erfüllten Erleichterungserwartungen[147] auf Beschreibungen der Bodenverhältnisse gestützt, die, wie bereits gesagt, keine Eigenschaft des herzustellenden Werkes, sondern eine Basis für die Kalkulation des zu erwartenden Aufwandes sind.

Es ist festzustellen, daß die Art und Weise, wie beim Bauen die Leistung beschrieben wird, von der Erfolgsbezogenheit des werkvertraglichen Leistungsbegriffs abweicht. Sie beschränkt sich nicht auf die Beschreibung des herzustellenden Werkes, sondern ergänzt diese Beschreibung um Angaben über die Art und Weise der Ausführung und insofern für den zu kalkulierenden Aufwand. Dabei gehen beide Vertragsparteien davon aus, daß das Werk nach der angegebenen Ausführungsweise herzustellen ist. Der Auftraggeber glaubt an die Richtigkeit seiner Planung, auf deren Grundlage er die Leistungsbeschreibung verfaßt hat. Der Unternehmer hat ebenfalls, um sich nicht Ansprüchen aus Verschulden bei der Vertragsanbahnung auszusetzen,[148] die Leistungsbeschreibung auf Durchführbarkeit geprüft und keinen Anlaß für Bedenken gefunden. Wie die Beispielsfälle zeigen, kann sich diese Erwartung als trügerisch erweisen. Aus der während des Bauablaufs zutage getretenen Unzulänglichkeit des beschriebenen Aufwandes zur Herstellung der Bauwerke ist es in den aufgeführten Fällen zum Rechtsstreit über die Vergütung des erforderlichen Mehraufwandes gekommen.

Was veranlaßt die Bauleute, diesen Konfliktherd entstehen zu lassen? Warum riskieren sie, daß der nach ihren Angaben zu erwartende Aufwand unzureichend ist und sie damit eine Ursache für den Streit um die Zusatzvergütung setzen?

3 Die auftraggeberseitige Planung als Grund der Angaben zur Ausführung

Wie wir festgestellt haben, beschränkt sich die Leistungsbeschreibung nicht auf die Darstellung des Leistungserfolges. Der Ursprung der zusätzlichen Angaben zur Art und Weise der Ausführung läßt sich an ihnen selbst able-

---

146 Vgl. oben II, 4, d.
147 Vgl. oben II, 5.
148 Vygen/Schubert/Lang, Rdn. 156.

sen. Wenn zum Beispiel das Leistungsverzeichnis der Schwimmbadheizung zehn Heizregister enthält, ist die Quelle dieser Angabe der die technische Ausrüstung planende Fachingenieur. Er hat gemäß § 73 Abs. 3 Nr. 6 Honorarordnung für Architekten und Ingenieure (fortan HOAI) das Leistungsverzeichnis zu erstellen. Auch im Fall Kellerabdichtung war es die Bau- und Leistungsbeschreibung des Architekten, in der die Abdichtung gegen Erdfeuchte festgelegt und die gegen drückendes Wasser gestrichen war.

Bei den zahlreichen die Bodenverhältnisse betreffenden Fällen der zweiten Fallgruppe waren es jeweils die Baugrunduntersuchungen, die bei Verkehrsanlagen gemäß § 55 Abs. 2 Nr. 1 HOAI in die allererste Planungsphase, die Grundlagenermittlung, gehören. Das gleiche gilt für die Wasserverhältnisse in den Fällen der Wasserhaltung. In dem Fall Nachbarwiderspruch aus der vierten Fallgruppe, in der es um die Verlängerung der Leistungszeit geht, gehört die Beschaffung einer beanstandungsfreien Baugenehmigung zu den Planungsvorleistungen des Auftraggebers, die er durch seinen Architekten erbringen läßt.

Die Angaben zur Art und Weise der Ausführung sind die Folge der dem Bauen eigenen Trennung von Planung und Ausführung. Dem werkvertraglichen Leitbild des Gesetzes widerspricht diese Trennung. Das BGB geht von zwei Partnern aus, dem Unternehmer und dem Besteller. Letzterer ist der Laie, der sich auf die Äußerung seiner Wünsche beschränkt, ersterer der Fachmann, der sich über die Realisierbarkeit dieser Wünsche im Vorwege Rechenschaft ablegen muß. Nimmt der Unternehmer den Auftrag an, bestimmt allein er die Art und Weise, wie er das bestellte Werk herstellt, sei er Schneider, Möbeltischler, Kraftfahrzeughandwerker, Bilderrahmer oder Instrumentenbauer. Sogar der Schiffbauer, der sich vom Umfang her noch am ehesten mit dem Bauunternehmer vergleichen kann, plant in der Regel selbst den Riß des Schiffes und die weiteren Einzelheiten nach den Wünschen des Reeders, wenn er nicht einen eigenen Schiffstyp entwirft und auf dem Weltmarkt anbietet. Bei allen diesen Werkleistungen fehlt, von ausgefallenen Designobjekten abgesehen, die Verteilung der Werkherstellung auf zwei Beteiligte, den fachlich Planenden und den nach der Planung Ausführenden.

Anders ist es beim Bauen. Bereits seit der Antike sind Planung und Bauleitung einerseits sowie die Bauausführung andererseits getrennt.[149] Der Grund liegt in der Bedeutung und dem Umfang des Planungsanteiles an der Errichtung von Bauwerken. Er läßt sich ablesen aus dem Leistungskatalog des § 15 HOAI und den entsprechenden Regelungen für die Fachplaner. Sieben Leistungsphasen bringt der Architekt hinter sich, bevor in der Lei-

---

149 Vgl. Neuenfeld, Überlegungen zu einer Sozialgeschichte des Architekten, in FS Korbion, S. 315 ff.

stungsphase 8 der ausführende Bauunternehmer die Baustelle betritt und die eigentliche Ausführung beginnt. Architekt und Bauunternehmer haben ihre jeweils eigenen Werkverträge mit dem Bauherrn als Auftraggeber. Der Leistungsinhalt ist unterschiedlich, das Leistungsziel beider Verträge ist gleich, die plangerechte und fehlerfreie Errichtung des Bauwerks.[150] Der einzelne Unternehmer schuldet die mangelfreie Herstellung des von ihm versprochenen Einzelwerks, also des Mauerwerks, der Fußböden usw. Der Architekt schuldet den gegenständlichen Erfolg insofern, als ihm die Planung übertragen worden ist. Der Unternehmer ist planerisch nur insoweit tätig, als er aufbauend auf den Architekten- oder Fachingenieursentwürfen sogenannte Werkpläne zu zeichnen hat, wie sie in § 4 Nr. 1 Abs. 2 VOB/B vorgesehen sind.

Die Planung des Architekten soll neben der Darstellung der Auftraggeberwünsche die technische Machbarkeit sicherstellen. So gehört zur Vorplanung, Leistungsphase 2 des § 15 HOAI, das Klären und Erläutern der wesentlichen städtebaulich-technischen, bauphysikalischen und biologischen Zusammenhänge und Bedingungen. Außerdem muß der Architekt die Leistungen anderer an der Planung fachlich Beteiligter integrieren. Diese Pflicht zur Prüfung der technischen Machbarkeit setzt sich fort in den Leistungsphasen Entwurfsplanung, Genehmigungsplanung und Ausführungsplanung. Die technischen Bedingungen einer Bauleistung sind damit ein Teil der vom Architekten zu erbringenden Planungsleistung. Gerade die Boden- und Wasserverhältnisse verkörpern eine derartige Bedingung. Diese Übernahme der Planungsaufgabe durch den Architekten bedeutet eine entsprechende Entlastung für den Unternehmer mit der Folge, daß er gegenüber dem Bauherrn einen einklagbaren Anspruch[151] auf rechtzeitige Übergabe der Ausführungsunterlagen hat. Seine Beteiligung an der Planung beschränkt sich auf ihre Prüfung (§ 3 Nr. 3 S. 2 VOB/B) und den Hinweis auf Bedenken, wenn er solche haben muß (§ 4 Nr. 7 VOB/B).[152]

Beide, Architekt und Unternehmer, schaffen aber am Ende das gleiche Werk, das mangelfreie Bauwerk oder die Bauwerksteile, die in ihrer Gesamtheit zum vollendeten Bauwerk führen. Jeder ist auf den Leistungsbeitrag des anderen angewiesen, der Unternehmer auf taugliche Architektenpläne, der Architekt auf die Umsetzung seiner Planung durch den Unternehmer. Architekt und Bauunternehmer arbeiten also eng zusammen, so daß zwischen ihnen eine

---

150 So der BGH, Großer Senat Zivilsachen in seiner Entscheidung vom 1.2.1965, BGHZ 43, 227, 229.
151 Ingenstau/Korbion, Rdn. 15 zu § 3 VOB/B.
152 Vgl. im einzelnen Hochstein in FS Korbion, S. 165 ff.

"enge, keineswegs nur zufällige und absichtslose, sondern planmäßige rechtliche Zweckgemeinschaft"

entsteht, wie es der BGH ausgedrückt hat.[153] Der Bauherr schafft diesen Leistungsverbund, indem er zunächst den Architekten beauftragt und, wenn dessen Planung die notwendige Reife erlangt hat, den Unternehmer mit der Auftragserteilung in den Leistungsverbund aufnimmt.[154]

Wenn Nicklisch[155] dem punktuellen Austausch einfacher handwerklicher Werkleistungen den heutigen komplexen Langzeitvertrag gegenüberstellt und für letzteren neue Regelungen empfiehlt, sollte auch der Werkvertrag mit seiner Aufteilung der Leistung in Planung und Ausführung daraufhin geprüft werden, ob hier gleiches gilt. Diese Leistungsaufteilung ist unabhängig von Langzeit und Komplexität, es sei nur verwiesen auf die Fälle Betonpumpe, Kellerabdichtung oder Straßensperrung. Andererseits kann der Bau eines Atomkraftwerks, wahrhaft komplex und langfristig, schlüsselfertig an ein Firmenkonsortium vergeben werden.

Dem Werkvertragsrecht des BGB ist diese Trennung der Leistungserbringung in Planung und Ausführung fremd. Daher enthält es auch keine die Zusammenarbeit zwischen Planung und Ausführung regelnden Bestimmungen. Sie sind nur in der VOB zu finden, die anders als das BGB von der Trennung zwischen Planung und Ausführung ausgeht. Sie füllt die vom BGB gelassene Lücke, so daß ihren Bestimmungen insoweit Leitbildfunktion auch für solche Verträge zukommt, denen nicht ausdrücklich die VOB zugrunde gelegt ist.[156]

So bestimmt § 3 Nr. 1 VOB/B, daß der Auftraggeber die für die Ausführung der Bauleistung nötigen Unterlagen dem Auftragnehmer unentgeltlich und rechtzeitig zu übergeben hat. Ausführungsunterlagen sind Schriftstücke, Zeichnungen, Berechnungen, Anleitungen usw., die im Einzelfall erforderlich sind, um dem Auftragnehmer den Weg für die technisch und damit vertraglich ordnungsgemäße Baudurchführung zu zeigen.[157] Wenn hier von Auftraggeber die Rede ist, dann ist es in der Praxis der Architekt als sein Erfüllungsgehilfe.

---

153 BGHZ 43, 277, 229.
154 Zur Schwierigkeit, diese Vertragskombination dogmatisch sicher zu erfassen, vgl. Ganten in NJW 1970, 687 ff.
155 Nicklisch, JZ 1984, 757 ff.
156 Staudinger/Peters, Vorbem. zu §§ 631 ff., Rdn. 110 sowie Ingenstau/Korbion, Einleitung, Rdn. 32 ff.; Vygen, Bauvertragsrecht, Rdn. 152.
157 Ingenstau/Korbion, Rdn. 9 zu § 3 VOB/B.

§ 4 VOB/B enthält weitere Bestimmungen der Zusammenarbeit. Der Auftraggeber oder für ihn sein Architekt hat für die Aufrechterhaltung der allgemeinen Ordnung zu sorgen und die erforderlichen öffentlich-rechtlichen Genehmigungen zu beschaffen. Der Auftraggeber hat außerdem das Recht, die vertragsgemäße Ausführung der Leistung zu überwachen und zu diesem Zweck Zutrittsrecht zu den Arbeitsplätzen. Gibt es Veranlassung zu Bedenken, können der Auftraggeber beziehungsweise sein Architekt unter Wahrung der dem Auftragnehmer zustehenden Leitung Anordnungen treffen, die zur vertragsgemäßen Ausführung der Leistung notwendig sind (§ 4 Nr. 1 Abs. 3 VOB/B).

Wenn der Auftragnehmer seinerseits Bedenken gegen die vorgesehene Art der Ausführung hat, also zum Beispiel gegen die Fehlerfreiheit der Pläne, muß er diese dem Auftraggeber unverzüglich schriftlich mitteilen. Bleibt sein Hinweis unbeachtet, ist er von der Gewährleistungspflicht und damit von der Erfolgshaftung entbunden (§ 13 Nr. 3 VOB/B). In gleicher Weise ist er freigestellt, wenn ein Mangel auf einen Planungsfehler zurückzuführen ist, er diesen Fehler aber nicht erkennen konnte.

Aber nicht nur die Leistung selbst, auch die Rahmenbedingungen für ihre Ausführung müssen geplant werden. Der Bauunternehmer arbeitet nicht in seiner eigenen Werkstatt, von der Vorfertigung von Teilen abgesehen, er erbringt vielmehr den wesentlichen Teil seiner Leistung auf einem ihm zunächst fremden Gelände, auf der Baustelle. Für die Kalkulation seiner Preise ist es wichtig zu wissen, welche Bedingungen er dort vorfindet. Wie steht es mit dem Wasser- und Energieanschluß? Sind Aufenthalts- und Unterbringungsräume vorhanden? Muß er selbst für ein Gerüst sorgen oder kann er ein vorhandenes benutzen? Diese Rahmenbedingungen der Bauausführung müssen in gleicher Weise wie die Bauleistung selbst geplant werden, wenn sichergestellt sein soll, daß die Bauleistungen zügig durchgeführt werden können. Der Terminplan eines Bauvorhabens würde völlig durcheinander geraten, wenn die erwarteten Baubehelfe unvermutet fehlen und erst auf zeitraubende Weise nachgerüstet werden müssen.

Die in den oben zitierten Bestimmungen der VOB/B zum Ausdruck kommende Leistungsgemeinschaft zwischen Planendem und Ausführendem hat der Auftraggeber begründet. Er hätte auch eine andere Möglichkeit, nämlich einen Totalunternehmervertrag abzuschließen. Dieser vermeidet die Trennung von Planung und Ausführung, indem er die gesamte Planung auf den Auftragnehmer verlagert, dieser mithin die komplette Planung und die komplette Erstellung leistet, das Bauwerk damit aus einer Hand geschaffen wird.[158]

---
158 Vgl. Kapellmann/Schiffers, Bd. 2, Pauschalvertrag, Rdn. 418.

Ein solcher Totalunternehmervertrag würde dem Leitbild des BGB-Werkvertrages entsprechen. Er hätte nur zwei Partner, den Auftraggeber, der seine Wünsche äußert, und den Unternehmer, der allein das Werk erstellt. Maßgebendes Kennzeichen eines solches Vertrages ist die Verschiebung der technischen Planung vom Architekten auf den Unternehmer.[159] Der Unternehmer würde dann die Entwurfsplanung selbst erstellen und folglich aus einer Hand die komplette Planung und die komplette Herstellung leisten.[160] Diese Konstruktion hat für den Auftraggeber angenehme Seiten, erspart sie ihm doch die Zuordnungsprobleme bei Baumängeln. Der Totalunternehmervertrag wirkt daher für so manchen Bauherrn verlockend. Die Probleme bleiben allerdings, sie verlegen sich nur auf eine andere Ebene, das Verhältnis des Totalunternehmers zu seinen Subunternehmern.

Innerhalb der Leistungsgemeinschaft ist der Architekt nicht nur für die technische, sondern auch für die wirtschaftliche Planung verantwortlich. Bereits zur Vorplanungsphase gehört die Klärung und Erläuterung der wirtschaftlichen Zusammenhänge und Bedingungen des Bauvorhabens, wie es in § 15 HOAI heißt. Die entscheidende dieser wirtschaftlichen Bedingungen ist die Finanzierbarkeit des Vorhabens. Der Vorentwurf verlangt bereits eine Kostenschätzung. Der Bauherr soll bereits in dieser Phase abschätzen können, ob das Bauvorhaben für ihn finanziell tragbar ist. Die Kostenschätzung ist in der Entwurfsphase zu verfeinern in Form der Kostenberechnung. Sie sieht eine im Vergleich zur Kostenschätzung detailliertere Auflistung der Kosten in Einzelpositionen vor. Sie hat den Sinn, dem Bauherrn eine Entscheidungsgrundlage dafür zu liefern, ob er weitere Planungskosten (Baugenehmigung, Statik und Ausführungsplanung) investieren will. Die Kostenberechnung ist eine schwierige Aufgabe, verlangt sie doch vom Architekten eine Vorausschau der Höhe der von den Handwerkern zu erwartenden Angebote. Die Rechtsprechung gestattet nur eine Fehleinschätzung bis zu 20 %.[161] Da sich die Angebote der Handwerker nach dem Aufwand richten, den sie zu erwarten haben, muß in entsprechender Weise der Architekt den Aufwand einschätzen. Das kann er, wenn er konkrete Vorstellungen über die Art und Weise der Ausführung hat. Auf diese Weise zwingt das Gebot, eine Kostenberechnung in der Entwurfsphase aufzustellen, den Architekten zu einer frühzeitigen Einschätzung der für die einzelnen Teilwerke notwendigen Aufwendungen.

Diese Einschätzung findet in der Leistungsphase 6, Vorbereitung der Vergabe, im einzelnen ihren Niederschlag in der Leistungsbeschreibung und im Leistungsverzeichnis. Beide sollen in dem Maße Angaben zur Art und Weise

---

159 Kapellmann/Schiffers, Bd. 2, Pauschalvertrag, Rdn. 409.
160 Kapellmann/Schiffers, Bd. 2, Pauschalvertrag, Rdn. 418.
161 Löffelmann/Fleischmann, Architektenrecht, Rdn. 198.

der Ausführung enthalten, wie es notwendig ist, daß der Unternehmer seine Preise vollständig kalkulieren kann. Er soll später keine Handhabe haben, an den Bauherrn mit Nachforderungen heranzutreten. Gleichzeitig geben Leistungsbeschreibung und Leistungsverzeichnis dem Architekten einen Beleg dafür, daß seine Kostenvorschau richtig war. Falls es doch zu Nachforderungen kommen sollte, kann er nachweisen, daß diese Nachforderungen nicht auf einem Fehler seiner Kostenplanung beruhen.

Im Rahmen des Werkvertrages sind alle diese planerischen Vorarbeiten des Architekten Leistungsteile des Bestellers, er hat sie vertraglich übernommen und läßt sie von seinem Erfüllungsgehilfen, dem Architekten, leisten. Insoweit macht sich der Besteller zum Schuldner gegenüber dem Unternehmer.[162] Die Feststellung der Gründe für die Angaben zur Ausführung neben der eigentlichen Werkbeschreibung mögen ein erster Schritt zum Verständnis dafür sein, wie der Werkvertrag auf diese Weise einen Inhalt bekommen kann, der ihn aus dem Gleichgewicht bringt, wenn die beiden Elemente der Leistungsbeschreibung nicht übereinstimmen. Neben dem Grund, der die Angaben verständlich macht, gibt es aber auch noch einen Zweck, der mit den Aufwandsangaben verfolgt wird.

4 Die Leistungsbeschreibung als Preisermittlungsgrundlage

Der Auftraggeber überträgt seinem Architekten oder Fachplaner die Planung und damit die Entwicklung von Ideen. Insoweit verbleibt dem beauftragten Unternehmer nur noch die Umsetzung dieser vorgegebenen Planung. Das führt dazu, daß der Wettbewerb allein über den Preis stattfindet. Soweit also die Planung dem Einflußbereich des Unternehmers entzogen wird, hat er nicht die Möglichkeit, sich durch bessere Ideen gegenüber seinen Mitbewerbern einen Vorteil zu verschaffen. Dieser Grundregel entspricht das förmliche Vergabeverfahren der VOB/A.[163] § 21 Nr. 1 VOB/A schreibt dem Bieter vor, in die Angebote nur die Preise und die geforderten Erklärungen einzusetzen, Änderungen an den Verdingungsunterlagen sind unzulässig (§ 21 Nr. 2 VOB/A). Glaubt er sich gleichwohl zur Unterbreitung eines Änderungsvorschlages berufen, muß er den Weg Nebenangebot beschreiten (§ 21 Nr. 3 VOB/A). Grundsätzlich soll er sich aber keine weiteren Gedanken als die der Preiskalkulation machen.

---

162 Nicklisch in BB 1979, 533 f., 544.
163 Lampe-Helbig/Wörmann, Handbuch der Bauvergabe, Rdn. 134.

Die Grundlagen dieser Kalkulation liefert ihm die Leistungsbeschreibung.[164] Demgemäß heißt es in § 9 Nr. 1 VOB/A, daß die Leistung so eindeutig und erschöpfend zu beschreiben sei, daß die Bewerber ihre Preise sicher und ohne umfangreiche Vorarbeiten berechnen können. Dieser Einleitungssatz drückt die Funktion als Kalkulationsanweisung aus. Es folgt § 9 Nr. 2 VOB/A, der es dem Auftraggeber untersagt, dem Auftragnehmer ein ungewöhnliches Wagnis für Umstände und Ereignisse aufzubürden, auf die er keinen Einfluß hat. Wagnis in diesem Zusammenhang sind Kosten. Ihre Kalkulation soll kein ungewöhnliches Wagnis sein. Entscheidend ist, daß die Leistungsbeschreibung dem Unternehmer nur das Wagnis der von ihm selbst beeinflußten Umstände zuweisen soll.

Schließlich heißt es in § 9 Nr. 3 Abs. 1 VOB/A abermals, daß, um eine einwandfreie Preisermittlung zu ermöglichen, alle sie beeinflussenden Umstände festzustellen und in den Verdingungsunterlagen anzugeben sind. Besonders erwähnt werden die Boden- und Wasserverhältnisse in § 9 Nr. 3 Abs. 3 VOB/A. Schließlich weist § 9 Nr. 3 Abs. 4 auf den Katalog der „Hinweise für das Aufstellen der Leistungsbeschreibung" in den Abschnitten 0 der Allgemeinen Technischen Vertragsbedingungen für Bauleistungen (VOB/C) hin. Dort findet sich Gewerk für Gewerk eine Auflistung von aus der Erfahrung geborenen Hinweisen für die Abfassung der Leistungsbeschreibung. Auf mehrfache Weise wird damit die Funktion der Leistungsbeschreibung als Preisermittlungsgrundlage betont. Unter diesem Aspekt erhalten die Angaben zur Art und Weise der Ausführung ihren wirtschaftlichen Sinn. Sie grenzen ein, welche Kostenfaktoren der Unternehmer seiner Preisbildung zugrunde legen soll, andererseits aber auch nur zugrunde zu legen braucht. Dem Unternehmer ist damit die Möglichkeit geschaffen, seinen Preis so knapp wie möglich ohne unnötige Risikozuschläge zu kalkulieren. Diese Regelung liefert Anhaltspunkte dafür, was auch außerhalb der VOB bei einer ordnungsgemäßen Leistungsbeschreibung im Rahmen allgemeiner Bauvergabe zu beachten ist.[165] § 9 VOB/A ist demnach nicht nur eine Schutzbestimmung zugunsten der Bieter, sie liegt auch im wohlverstandenen Interesse des Auftraggebers.[166]

Grundlegende Voraussetzung für diese Feststellung der für die Preisermittlung maßgebenden Umstände ist eine abgeschlossene Planung, ohne die eine ordnungsgemäße Beschreibung der Leistung nicht möglich ist. Nach der in § 15 HOAI vorgezeichneten Leistungsfolge soll die Ausführungsplanung, also die Leistungsphase 5, abgeschlossen sein, damit eine ordnungsgemäße

---

164 Ingenstau/Korbion, A, § 9 Rdn. 1; Heiermann/Riedl/Rusam, A, § 9 Rdn. 7.
165 Ingenstau/Korbion, Rdn. 2 zu § 9 VOB/A.
166 Schelle/Erkelenz, 7.1.

Leistungsbeschreibung (Vorbereitung der Vergabe), Leistungsphase 6, möglich ist.[167] Auch wenn in der Praxis eine solche Planungsreife kaum jemals zum Zeitpunkt der Vergabe erreicht ist, muß doch mindestens die Entwurfsplanung mit Kostenberechnung, Phase 3, vorliegen. Denn diese ist wiederum Voraussetzung der Genehmigungsplanung, ohne Genehmigung darf mit dem Bau aber nicht begonnen werden. Die Leistungsbeschreibung im Sinne des § 9 VOB/A ist damit das Produkt der Planung des Architekten oder Fachplaners. Dementsprechend bestimmt Nr. 2.1 des Vergabehandbuchs zu § 9 VOB/A (Stand Oktober 93):

Vor dem Aufstellen der Leistungsbeschreibung müssen die Pläne, insbesondere die Ausführungszeichnungen, soweit sie nicht vom Auftragnehmer zu beschaffen sind, und die Mengenabrechnungen rechtzeitig vorliegen.

Damit wird zugleich sichergestellt, daß infolge der genauen Beschreibung Unterschiede der von den Bietern zu erbringenden Leistungen ausscheiden und damit die Voraussetzung dafür geschaffen ist, die Angebote nur über die Preise zu bewerten.

Wenn der Unternehmer neben dem reinen Preiswettbewerb den zweiten Weg des Ideenwettbewerbs durch ein Nebenangebot (§ 21 Nr. 3 VOB/A) beschreitet, verschiebt sich der Einflußbereich insoweit auf den Unternehmer, als seine Planung an die Stelle der auftraggeberseitigen tritt. Von dieser Möglichkeit hatte der Unternehmer in dem Fall Sandlinse des LG Köln Gebrauch gemacht. Das Gericht hat, von der Literatur mit Zustimmung aufgenommen, festgestellt, daß die Eigenplanung des Nebenangebotes auf den Baugrundaufschlüssen des Auftraggebers beruhte, durch das Nebenangebot wurde damit nicht das Risiko falscher Baugrundangaben übernommen. Die Baugrundangaben blieben auch für das Nebenangebot auftraggeberseitige Preisermittlungsgrundlage. Es kommt also darauf an, die Grenze zwischen der auftraggeberseitig vorgegebenen Planung und der Eigenplanung des Unternehmers zu ziehen. Nur für diese hat er das Aufwandsrisiko zu tragen. Das Aufwandsrisiko des Auftraggebers zu verringern, kann die in § 9 Nr. 10 VOB/A eröffnete Möglichkeit der funktionalen Ausschreibung dienen. Sie bedeutet in der Praxis, daß der Auftraggeber nur die Entwurfsplanung stellt, die Ausführungsplanung der Unternehmer übernimmt. Aber auch bei dieser Ausschreibungsform muß der Auftraggeber die Rahmenbedingungen angeben.[168] Zu ihnen gehören insbesondere die Boden- und Grundwasserverhältnisse.

---

167 Ingenstau/Korbion, Rdn. 40 zu § 9 VOB/A.
168 Schelle/Erkelenz, 7.13.

5 Ergebnis

Da vertragsgemäße Werkherstellung zentrale Leistungspflicht des Werkunternehmers ist, müßte die Leistungsbeschreibung sich folgerichtig auf Angaben zu dem abzuliefernden Werk beschränken. Tatsächlich enthalten die Leistungsbeschreibungen von Bauverträgen über die Werkbeschreibung hinaus Angaben zur Ausführungsweise. Mit diesen zusätzlichen Angaben gehen die Vertragsgestalter das Risiko ein, daß die angegebene Ausführungsweise zur Werkherstellung nicht geeignet ist. Die wirtschaftlichen Hintergründe, die gleichwohl Anlaß zu derartigen Leistungsbeschreibungen geben, sind die Kostenplanung des Bauherrn, in der Regel erstellt durch seinen Architekten, sowie sein Interesse, durch Vorgabe von Preisermittlungsgrundlagen Einfluß auf die Preisbildung des Bieters zu nehmen. Weiterer Zweck ist, die Vergleichbarkeit der Angebote sicherzustellen.

Diese Hintergründe muß man sich vergegenwärtigen bei der Suche nach einer Antwort auf die Frage, in welcher Weise sich die Doppelnatur der Leistungsbeschreibung auf die vertraglichen Rechte und Pflichten auswirkt. Auf dem Weg zu der Antwort kann bereits jetzt festgehalten werden: Dem Bauherrn, der wissen will, wie die Mehrvergütungsforderung seines Unternehmers mit der Verläßlichkeit von Verträgen vereinbar sein könne, ist aufzuzeigen, daß er mit seiner Formulierung der Leistungsbeschreibung den Vertrag so gestaltet hat, daß eine Kluft zwischen beschriebenem Aufwand und beschriebenem Erfolg möglich ist.

V Die Auswirkungen der Angaben zum Aufwand auf die vertraglichen Rechte und Pflichten

1 Die Aufwandsbezogenheit der Vergütung

Das BGB geht davon aus, daß die vereinbarte Vergütung sich auf das herzustellende Werk bezieht, wenn es in § 631 Abs. 1 BGB die Herstellung des versprochenen Werkes der Entrichtung der vereinbarten Vergütung gegenüberstellt.[169] Diese Grundvorstellung liegt auch einer Reihe von Urteilen der Rechtsprechungsübersicht zugrunde. In seiner Entscheidung Wasserhaltung Kanalisation (frivol) vom 25.2.1988 hat der BGH[170] die Vergütung auf die Herstellung der gesamten Kanalisation bezogen und damit die vom Unternehmer behaupteten abweichenden Grundwasserverhältnisse nur noch einer Prüfung der Haftung aus Verschulden bei Vertragsanbahnung (culpa in contrahendo) unterworfen. In gleicher Weise ist das OLG Stuttgart in seiner Entscheidung Durchgangskühlschrank vom 9.3.1992 verfahren[171] und hat damit für den über das Leistungsverzeichnis hinausgehenden zweiten Durchgangskühlschrank keinen Grund für eine Änderung des Pauschalpreises gesehen.

Die Grundauffassung der Erfolgsbezogenheit der vereinbarten Vergütung kommt auch in der Behandlung der vier Fälle Verlängerung der Ausführungszeit zum Ausdruck. Hier wurden die Abweichungen von der Leistungsbeschreibung, die zu verlängerten Ausführungszeiten geführt haben, nur im Falle des Bauherrnverschuldens als vom Auftraggeber zu entschädigende Behinderung eingeordnet. Grund für eine Änderung der Vergütung haben die Gerichte in den vier Fällen nicht gesehen. Auch das OLG Hamm hat in seiner Entscheidung Schlammsohle Kanalisationsgraben vom 17.12.1993[172] die durch den unvermutet angetroffenen Schlamm in der Tieflage ab 2,5 m verursachten Baustillstandskosten nicht zum Anlaß für eine Vergütungsanpassung genommen. Dem Unternehmer blieb der Schadensersatz wegen Behinderung, hier allerdings in gleicher Höhe wie die anderenfalls geleistete Vergütung.

Diese Sichtweise läuft darauf hinaus, dem Unternehmer das Aufwandsrisiko auch für solche Kostenfaktoren zuzuweisen, die ihm vom Auftraggeber in der Leistungsbeschreibung benannt sind, seien es die Grundwasser- oder

---

169 Staudinger/Peters, § 632, Rdn. 54 ff.
170 BauR 1988, 338 = ZfBR 1988, 182 = NJW-RR 1988, 785; vgl. oben II, 3, a, aa.
171 BauR 1992, 639; vgl. oben II, 1, e.
172 OLG Hamm vom 17.12.1993, NJW-RR 1994, 406; vgl. oben II, 5, c.

Bodenverhältnisse, seien es sonstige Einzelheiten der Leistungsausführung. Welchen Sinn soll es aber haben, in die Leistungsbeschreibung Angaben zur Preisermittlung aufzunehmen, wenn der Unternehmer gleichwohl sich für seine Preisbildung nicht auf ihre Richtigkeit verlassen dürfen soll? Sollten unverbindliche Teile einer Leistungsbeschreibung, wenn man sie nicht lieber von vornherein wegläßt, nicht wenigstens als solche kenntlich gemacht werden? Solange das nicht geschehen ist, kann die Preisvereinbarung nicht losgelöst von den Preisermittlungsgrundlagen betrachtet werden.

Das OLG Düsseldorf hat in seinem Fall Betonpumpe[173] eine bestimmte der Preisbildung zugrundegelegte Ausführungsweise – hier den nicht erforderlichen Einsatz der Betonpumpe – als Preisvorbehalt ausgelegt. Ein Preisvorbehalt hat aber zum Inhalt die mögliche Änderung des Preises für eine unveränderte Leistung. Das ist aber weder in dem Fall Betonpumpe noch bei den sonstigen notwendigen Mehrleistungen gegeben.

Ein Fall, der der Entscheidung des BGH vom 12.6.1980[174] zugrunde liegt, zeigt den Unterschied. Der Unternehmer hat die Lieferung und Montage von Betonfertigteilen übernommen. Nach Vertragsschluß entstand Streit, ob die Anker, die die Fertigteile mit dem Unterbau verbinden sollten, nicht nur zu liefern, so die Meinung des Unternehmers, sondern auch in den vor Ort gegossenen Unterbau einzubauen waren, so die Meinung des Auftraggebers. Der Unternehmer forderte eine Zusatzvergütung für den Einbau dieser Anker und außerdem eine Anhebung der Vertragspreise wegen nach Vertragsschluß eingetretener Material- und Energiepreiserhöhungen. Nur diese letztere Forderung bedeutete die Geltendmachung eines Preisvorbehaltes,[175] die zusätzliche Vergütung für den Einbau der Anker hing dagegen nicht von einer Veränderung der allgemeinen Preisentwicklung, sondern davon ab, wie die Leistungsbeschreibung hinsichtlich dieses Leistungsteils auszulegen war. Es geht also nicht darum, den Preis zu ändern, sondern auf eine Abweichung von der Leistungsbeschreibung mit einer Preisanpassung zu reagieren. Als Preisvorbehalt können daher die in der Leistungsbeschreibung enthaltenen Angaben zum Aufwand nicht ausgelegt werden.[176]

---

173 Vgl. oben II, 3, c, bb.
174 Schäfer/Finnern/Hochstein, Nr. 2 zu § 8 VOB/B (73); BauR 1980, 465; ZfBR 1980, 229.
175 Vgl. BGH vom 20.5.1985, NJW 1985, 2270 = ZfBR 1985, 220 = BauR 1985, 573 = BB 1985, 351 = Betrieb 1985, 1885; OLG Koblenz vom 7.4.1993, BauR 1993, 607; OLG Düsseldorf vom 24.11.1981, BauR 1983, 473.
176 Die vom Verfasser in BauR 1993, 399 ff., 405 und BauR 1994, 596 ff., 599 vertretene Befürwortung eines Preisänderungsvorbehalts wird aufgegeben.

Für die richtige Antwort muß zurückgegriffen werden auf den Ursprung der vom Auftraggeber eingebrachten Preisermittlungsangaben. Wie oben dargelegt,[177] verteilt der Bauherr die Errichtung seines Bauwerks in der Regel auf zwei Schultern, die des planenden Architekten und die des ausführenden Unternehmers. Die Leistungspflicht des Unternehmers ändert sich dadurch von der bloßen Herstellung des Werkes zu einer Herstellung nach den Plänen und sonstigen Anweisungen des Architekten. Führen diese dazu, daß das Werk untergeht, verschlechtert oder unausführbar wird, entbindet ihn § 645 BGB von der Verantwortung für den Mißerfolg.

§ 13 Nr. 3 VOB/B entbindet den Unternehmer von der Gewährleistung, wenn Mängel auf die Leistungsbeschreibung oder auf Anordnungen des Auftraggebers zurückzuführen sind, vorausgesetzt, er hat die kritische Prüfung der Leistungsbeschreibung und der zu ihr gehörenden Pläne nicht versäumt (§ 4 Nr. 3 VOB/B). Auf diese Weise wird die Erfolgshaftung des Werkunternehmers begrenzt auf seinen Einflußbereich. Für Fehlerquellen aus der Sphäre seines Partners in der Zweckgemeinschaft, des Planers, hat der Unternehmer nicht einzustehen. Der § 13 Nr. 3 VOB/B läßt das Leistungsrisiko des Unternehmers dort enden, wo seine unternehmerische Freiheit endet.[178]

Eine Parallele ergibt sich zu der ebenfalls geschuldeten Preistreue. Der Bauherr übernimmt gegenüber seinem Unternehmer durch den Architekten als seinen Erfüllungsgehilfen nicht nur einen Teil der Leistung, nämlich die planerische Seite, sondern auch einen Teil der Grundlagen der Preisermittlung. Wie oben dargelegt,[179] bezieht er sie in seine Leistungsbeschreibung als Aufforderung ein, unter ihrer Berücksichtigung die Angebotspreise zu kalkulieren. Seine Beschreibung der Grundwasser- und Bodenverhältnisse, sein Hinweis auf Großtafelschalung oder die Wiederverwendbarkeit von Spanngliedern werden vertraglich festgelegte Grundlagen der Preisbildung im Sinne des § 9 VOB/A. Dabei ist allein maßgebend, wie der Auftraggeber die Preisgrundlagen darstellt. Maßgebend ist der individuelle Vertragsinhalt.

Ebensowenig wie der Unternehmer für Fehler der ihm übergebenen Pläne verantwortlich gemacht wird, kann ihm die Verantwortung für die Richtigkeit der vom Auftraggeber eingebrachten Preisermittlungsgrundlagen aufgebürdet werden. In gleicher Weise wie die Erfolgshaftung für die Fehlerfreiheit seiner Leistung eingeschränkt ist, muß er von der Erfolgsbezogenheit der vereinbarten Vergütung entbunden werden. So wie der Unternehmer zur fehlerfreien Leistung nur innerhalb der vorgegebenen Planung verpflich-

---

177 Vgl. oben IV, 3.
178 Vgl. Medicus in ZfBR 1984, 155 f., 160.
179 Vgl. II, 4.

tet werden kann, gilt gleiches für die Einhaltung der Preise. Er kann nur im Rahmen der vorgegebenen Preisermittlungsgrundlagen an seinen Preisen festgehalten werden. Damit wird die Erfolgsbezogenheit der Vergütung eingeschränkt auf die vorgegebenen Preisermittlungsgrundlagen, sie wird insoweit aufgehoben, als diese sich als korrekturbedürftig erweisen.

Wenn die vorgesehene Kellerwandabdichtung gegen Erdfeuchtigkeit nicht ausreicht, das Grundwasser heftiger in die Baugrube eindringt als nach den Gutachten zu erwarten war oder ein unerwarteter Bombentrichter die Verbreiterung des Fundamentes notwendig macht, ist wegen Änderung der vertraglich vorgesehenen Ausführungsweise das fertige Werk nicht mehr zu der vereinbarten Vergütung zu beanspruchen.

Die VOB trägt dieser eingeschränkten Erfolgsbezogenheit der Vergütung Rechnung, indem sie den § 2 Nr. 1 VOB/B wie folgt formuliert:

Durch die vereinbarten Preise werden alle Leistungen abgegolten, die nach

— *Leistungsbeschreibung,*
— *den Besonderen Vertragsbedingungen,*
— *den Zusätzlichen Vertragsbedingungen,*
— *den Zusätzlichen Technischen Vertragsbedingungen,*
— *den Allgemeinen Technischen Vertragsbedingungen für Bauleistungen und*
— *der gewerblichen Verkehrssitte*

zur vertraglichen Leistung gehören.

Die VOB begnügt sich also nicht damit, die Vergütung auf die herzustellende bauliche Anlage (§ 1 VOB/A) zu beziehen. Sie bindet die Vergütung an eine ganze Reihe von Regelwerken, aus denen sich der Leistungsumfang ergeben soll. Wenn sie dabei von allen Leistungen spricht, die zur vertraglichen Leistung gehören, dann sind damit einmal die Zugaben gemeint, die die VOB/C vorsieht (wie oben dargelegt), zum Beispiel die Beseitigung des Abfalls des Bauherrn bis zu einem Kubikmeter oder das Stehenlassen der Gerüste drei Wochen über die eigene Benutzungszeit hinaus. „*Alle Leistungen, die . . . zur vertraglichen Leistung gehören*", bedeutet aber auch eine Einschränkung in dem Sinne, daß nur der Inhalt der Leistungsbeschreibung und der weiteren Regelwerke zur vertraglichen Leistung gehören soll.

Soweit die Leistungsbeschreibung gemäß § 9 VOB/A als Preisermittlungsgrundlage vorgesehen ist, also neben dem herzustellenden Werk auch den Aufwand beschreibt, will § 2 Nr. 1 VOB/B nur den beschriebenen Aufwand als mit der Vergütung abgegolten sein lassen.

Der Begriff Leistung wird damit in § 2 Nr. 1 VOB/B nicht im Sinne von Leistungserfolg, sondern im Sinne der Leistungsbeschreibung verwendet, also als die in den aufgeführten Regelwerken dargestellte Ausführungsweise. § 2 Nr. 1 VOB/B bestimmt also, welcher aus den Regelwerken sich ergebende Aufwand durch die vereinbarten Preise abgegolten ist. § 2 Nr. 1 VOB/B bezieht damit die Vergütung auf den zugrundegelegten Aufwand.

Das Ergebnis unserer Überlegungen ist, daß die Vergütung nicht an den Leistungserfolg, sondern an die Leistungsbeschreibung und damit an die angegebenen Ausführungshinweise gekoppelt ist. Über die Beschreibung hinausgehende, zur erfolgreichen Herstellung notwendige Zusatzmaßnahmen sind mithin nicht abgegolten. Das bedeutet, daß die Vorstellung von der Endgültigkeit der Vergütungsvereinbarung nicht aufrechtzuerhalten ist bei Leistungsbeschreibungen, die Angaben zum Aufwand enthalten. In diesen Fällen verwandelt sich die Vergütungsvereinbarung von einer erfolgsbezogenen zu einer aufwandsbezogenen. Der Grundsatz des Werkvertragsrechts des BGB über die verläßliche Kongruenz zwischen Leistung und vereinbarter Vergütung ist aufgehoben.

Das Phänomen ist nicht neu, es zeigt sich in gleicher Weise bei dem Thema der „Sowieso-Kosten", die der Auftraggeber zur Mängelbeseitigung beisteuern soll. Früh stellt fest, daß die Abgeltungswirkung der Gegenleistung des Bestellers mit der Vereinbarung einer speziellen Ausführungsart eingeschränkt sei.[180] Janisch in seiner Schrift zu dem gleichen Thema vermag sich allerdings nicht von der mit dem Vertragsschluß vollständig und präzise erfolgten Festlegung der Vergütung zu trennen.[181] Auch Tomic sieht in den Sowiesokosten eine Überschreitung des vertraglichen Leistungskonzeptes, so daß er zur Ablehnung der vergütungsrechtlichen Lösung kommt.[182] Beide berücksichtigen nicht das Problem, daß dem erhöhten Aufwand kein entsprechend erhöhter Nutzeffekt gegenübersteht.

Eine Reihe von Entscheidungen stützt die Feststellung von Früh. Es sei zunächst auf das hier bereits behandelte Urteil Kellerabdichtung vom 22.3.1984[183] verwiesen. Wie oben dargelegt, hat der BGH entschieden, der Unternehmer sei zur Ausführung der Druckwasserisolierung verpflichtet, jedoch nicht ohne Zusatzbezahlung. Der in jenem Fall vereinbarte Pauschalpreis für die schlüsselfertige Erstellung der Wohnanlage bezog sich also nur auf den durch die Leistungsbeschreibung gesteckten Rahmen. Bereits in ei-

---
180 Früh, „Die Sowieso-Kosten", S. 40.
181 Janisch, Haftung für Baumängel und Vorteilsausgleich, S. 60.
182 Tomic, Sowieso-Kosten, S. 121, 123.
183 Vgl. oben II, 1, c.

nem früheren Urteil vom 23.9.1976[184] hatte der BGH für eine nachträgliche Verstärkung der Frostschutzlage einer Parkplatzpflasterung festgestellt, daß, auch wenn der Unternehmer seine Pflicht gemäß § 4 Nr. 3 VOB/B versäumt hätte, auf Bedenken gegen die ursprünglich vorgesehene dreißig Zentimeter starke Schicht hinzuweisen, er für die Verstärkung eine nach den Einheitspreisen des Leistungsverzeichnisses zu ermittelnde Mehrvergütung beanspruchen könne.

In dem Urteil Wärmeschutzfassade des BGH vom 17.5.1984[185] ging es um die notwendige Erneuerung eines Wärmedämmschutzsystems, dessen ursprüngliche Ausführung sich als untauglich erwiesen hatte. Die Vorschußklage des Bauherrn für das ersatzweise geplante Verfahren hat der BGH um diejenigen Kosten gekürzt, um die das ursprüngliche Werk bei ordnungsgemäßer Ausführung von vornherein teurer gewesen wäre, die sogenannten Sowiesokosten. Wenn die Vertragsparteien, wenn auch auf Anregung des Unternehmers, nicht nur den Leistungserfolg, sondern eine ganz bestimmte Ausführungsart ausdrücklich zum Vertragsgegenstand gemacht hätten, umfasse der vereinbarte Preis die Werkleistung nur in der jeweils angegebenen Größe und Herstellungsart. Notwendig werdende Zusatzarbeiten seien gesondert zu vergüten. Der Auftraggeber kann also für den vereinbarten Preis dann nicht ein taugliches fertiges Werk verlangen, so die Aussage des Urteils, wenn er mit dem Unternehmer eine bestimmte Ausführungsweise vereinbart, diese aber nicht zum Erfolg führt und durch eine teurere ersetzt werden muß. Wenn der BGH von ordnungsgemäßer Ausführung spricht, dürfte dies gemeint sein im Sinne der ordnungsgemäßen richtigen Auswahl des Ausführungsverfahrens durch beide Vertragsparteien gemeinsam. Es wäre sonst verwunderlich, wenn ohne zusätzliche Vergütung keine ordnungsgemäße Ausführung mehr verlangt werden könnte.

Entscheidend ist aber immer die Auslegung des Vertrages.[186] Das macht der Fall Plattenfassade des BGH vom 20.11.1986 deutlich.[187] Hier kam der BGH zu dem Ergebnis, daß die Auslegung der Leistungsbeschreibung keine Belastung des Auftraggebers mit Sowiesokosten ergab. Schließlich sei auf den extremen Fall der Entscheidung des OLG Hamm vom 14.11.1989 ver-

---

184 BauR 1976, 430.
185 BauR 1984, 510 ff. = Schäfer/Finnern/Hochstein, Nr. 5 zu § 13 VOB/B (1973) Nr. 7 = NJW 1984, 2457 = ZfBR 1984, 222 = BB 1984, 2021 = Betrieb 1984, 2553.
186 Vgl. Quack, BB 1991, Beilage 20, S. 9 ff. zum Sonderproblem der Baugrundrisiken.
187 BauR 1987, 207 = Schäfer/Finnern/Hochstein, Nr. 5 zu § 13 VOB/B (1973) Nr. 17 = ZfBR 1987, 71 = NJW-RR 1987, 336.

wiesen,[188] der bereits Gegenstand der Einleitung war. In diesem Fall hatte der Unternehmer versäumt, gemäß § 4 Nr. 3 VOB/B auf die Untauglichkeit der vereinbarten Dachsanierungsmaßnahmen hinzuweisen. Das Gericht kam zu dem Ergebnis, daß der Unternehmer zur Wiederholung seiner Werkleistung in Form einer umfassenden Dachsanierung verpflichtet war. Dennoch könne er die Neuherstellung davon abhängig machen, daß der Bauherr wegen der von ihm zu tragenden Sowiesokosten eine Sicherheit leiste. Hätten die Parteien die geschuldete Leistung durch Angaben im Leistungsverzeichnis näher bestimmt, würden später geforderte Zusatzarbeiten von dem Pauschalpreis nicht erfaßt. Es ist also zu vermerken, daß sich die Rechtsprechung bei der Behandlung der Sowiesokosten im Rahmen der Mängelbeseitigung über die Aufwandsbezogenheit der Vergütung einig ist. Widerspruch in der Literatur ist nicht zu vermerken. Um so erstaunlicher ist aber, daß der Brückenschlag zu den entsprechenden, bereits während der Ausführung entstehenden Kosten offenbar schwerfällt. Die Rinnsteinangleichung im Urteil des OLG Düsseldorf vom 14.11.1991[189] und der zweite Durchgangskühlschrank im Urteil des OLG Stuttgart vom 9.3.1992[190] hätten, wenn sie im Rahmen der Mängelbeseitigung geleistet worden wären, in Anbetracht der einheitlichen Rechtsprechung nicht anders als vom Bauherrn zu tragende Sowiesokosten behandelt werden müssen. Ob aber der zusätzliche Aufwand bei der Mängelbeseitigung anfällt oder bereits bei der ursprünglichen Ausführung, kann keinen Unterschied machen.[191] In jedem Fall handelt es sich um einen von der Vergütung nicht abgegoltenen Mehraufwand.

Erleichterungserwartungen gegenüber der in der Leistungsbeschreibung angegebenen Ausführungsart können allerdings nicht zu einer vertraglichen Preisgrundlage werden, weil sie sich nicht auf eine Vorgabe des Auftraggebers stützen. Sie stellen eine Korrektur der Angabe in der Leistungsbeschreibung durch den Unternehmer dar, wenn er zum Beispiel meint, den Boden nicht auf einer Kippe entsorgen zu müssen, sondern anderweitig verwerten zu können oder für den Kanalgrubenverbau anstelle der ausgeschriebenen Spundwand mit Verbautafeln auszukommen. Selbst wenn sich diese Erleichterungserwartungen auf ein der Leistungsbeschreibung beigefügtes Baugrundgutachten stützen, geben sie dem Bauunternehmer nicht das Recht, ohne Abstimmung mit dem Auftraggeber die Ausführungsweise und damit die Preisermittlungsgrundlage gegenüber der Leistungsbeschreibung zu ändern. Er müßte den Weg des Nebenangebotes beschreiten. Wenn der

---

188 BauR 1991, 756.
189 Vgl. oben II, 1, b.
190 Vgl. oben II, 1, e.
191 So bereits Groß in FS Korbion, 123, 132.

Auftraggeber dieses annimmt, würde die erleichterte Ausführung zur vertraglichen Preisgrundlage.

Als Ergebnis ist festzuhalten, daß die in einem Bauvertrag vereinbarte Vergütung sich insoweit auf den Aufwand des Unternehmers bezieht, als dieser Aufwand in der Leistungsbeschreibung gekennzeichnet ist. Insoweit ist die Erfolgsbezogenheit der Vergütungsvereinbarung aufgehoben. Für den Fall, daß sich diese Aufwandsbegrenzung der Vergütungsvereinbarung im Rahmen der Mängelbeseitigung zeigt, ist allgemein anerkannt, daß der von der Vergütungsvereinbarung nicht gedeckte Aufwand vom Auftraggeber als Sowiesokosten zusätzlich zur ursprünglich vereinbarten Vergütung zu bezahlen ist. Für den Fall, daß der von der Vergütung nicht gedeckte Mehraufwand bereits während der anfänglichen Ausführung anfällt, kann die Begrenzung des Aufwandsrisikos des Unternehmers keine andere sein. Bemerkenswert ist, daß diese Kluft zwischen Vergütungs- und Herstellungsseite des Bauvertrages bei den in jüngerer Zeit wieder angestellten Überlegungen einer Änderung des Bauvertragsrechts keine Berücksichtigung gefunden hat.[192]

Für die beiden unter dem geöffneten Dach streitenden Vertragspartner[193] ergibt sich als Zwischenergebnis, daß es für die Frage der Mehrkosten der teureren Dachsanierung auf die Auslegung des Vertrages ankommt. Ist die Vergütung aufwandsbezogen auf die zwei Lagen bemessen oder für den Erfolg der nachhaltigen Sanierung vereinbart? Auszulegen ist die Leistungsbeschreibung. Wichtige Auslegungshilfen für Einzelheiten der Aufwandsbegrenzung liefert die VOB/C. Sie wird im folgenden vorgestellt.

2 Die Begrenzung des Aufwandsrisikos durch die VOB/C

Die in Teil C der VOB zusammengefaßten ATV sind nicht nur technische Vorschriften, wie sie bis zur Ausgabe 1988 der VOB hießen, sondern sie enthalten in erheblichem Umfange Regelungen, die wie Vertragsbedingungen das Rechtsverhältnis zwischen den Bauvertragsparteien gestalten. Deshalb ist zu Recht 1988 die Bezeichnung Technische Vorschriften durch Technische Vertragsbedingungen ersetzt worden.

Ungeachtet des mit dieser Umbenennung gegebenen Hinweises auf die rechtliche Erheblichkeit behandeln die juristische Literatur und die Recht-

---

192 Vgl. Keilholz, Baurecht, 247 ff.; Kniffka, ZfBR 1993, 97 ff.; Lang, NJW 1995, 2063 ff.
193 Vgl. die Einleitung.

sprechung die VOB/C denkbar stiefmütterlich.[194] Wie die obige Rechtsprechungsübersicht zeigt, findet sie in den Urteilsbegründungen der Gerichte kaum Berücksichtigung. Dabei lohnt es, sich mit ihrem reichen Regelungsinhalt vertraut zu machen. Zunächst wird in den allgemeinen Inhalt der VOB/C eingeführt und alsdann gesondert die in den Abschnitten 4 der VOB/C geregelte Begrenzung des Aufwandsrisikos des Unternehmers herausgearbeitet.

a) Der Inhalt der VOB/C, Allgemeine Technische Vertragsbedingungen (ATV)

Die ATV sind aufgeteilt auf derzeit 55 Gewerke, angefangen mit der DIN 18 300, Erdarbeiten, dann unter anderem DIN 18 330, Maurerarbeiten, DIN 18 360, Metallbauarbeiten, um nur einige zu nennen, und enden in der derzeit gültigen Fassung der VOB/C mit der DIN 18 451, Gerüstarbeiten. Die ATV werden laufend überarbeitet und um neue Gewerke ergänzt.

Mit der grundlegenden Überarbeitung des Teils C der VOB für die Ausgabe 1988 ist eine DIN 18 299 geschaffen worden, die als allgemeiner Teil die Regelungen zusammenfaßt, die für alle gewerkespezifischen DIN in gleicher Weise gelten.

Die DIN 18 299 sowie jede einzelne Gewerke-DIN sind in sechs Abschnitte unterteilt: Der erste trägt die Ordnungszahl 0. Er enthält jeweils Hinweise für das Aufstellen der Leistungsbeschreibung, die zwar nicht Vertragsbestandteil werden, wie es jeweils einleitend heißt, deren Beachtung aber ausdrücklich in § 9 Nr. 3 Abs. 4 VOB/A vorgeschrieben ist. Dem Architekten geben die Null-Ziffern damit Hinweise für den notwendigen Inhalt seiner Leistungsbeschreibung. Damit werden die unter der Ordnungszahl 0 aufgeführten Ausschreibungsregeln zu einer Auslegungshilfe hinsichtlich des Inhalts der Leistungsbeschreibung. Wenn zum Beispiel unter der Ordnungszahl 0.1.9 der DIN 18 299 besondere wasserrechtliche Vorschriften anzugeben sind, dann ergibt sich bei einer Ausschreibung nach der VOB/A, daß ein Schweigen der Leistungsbeschreibung zu diesem Punkt dahin gehend auszulegen ist, daß keine besonderen wasserrechtlichen Vorschriften zu beachten sind.

Die DIN 18 336, Abdichtungsarbeiten, fordert in ihrer Ordnungszahl 0.2.2 die Angabe der Art der Abdichtung je nach Wasserbeanspruchung (Bodenfeuchtigkeit, nichtdrückendes Wasser oder drückendes Wasser). Die

---
194 Vgl. Mantscheff, FS Korbion, 295 ff., 300.

Klärung dieser Frage obliegt also dem Auftraggeber, so die VOB/C. Das galt auch für die Auftraggeber der beiden oben behandelten Kellerabdichtungsfälle.[195]

Nach der Ordnungszahl 0.1.7 der DIN 18 299 ist die Tragfähigkeit des Baugrundes anzugeben. Speziell für die Ausschreibung der Beton- und Stahlbetonarbeiten verlangt die Ordnungszahl 0.1.1 der DIN 18 331 die Angabe von Gründungstiefe und Gründungsart. Wäre in dem Fall Fundamentverstärkung die VOB Vertragsgrundlage gewesen, hätte sich der Unternehmer auf diese Bestimmungen berufen können.

Die Ordnungszahl 0.2.2 der DIN 18 300, Erdarbeiten, verlangt die Angabe geschätzter Mengenanteile, wenn Boden und Fels verschiedener Klassen bei Abschnitt 2.3 zusammengefaßt werden, weil eine Trennung nur schwer möglich ist. Auf diese Unmöglichkeit hatte sich bekanntlich der Auftraggeber in dem Fall Wassergehalt Felszerkleinerung berufen.[196] Die Forderung, in diesem Fall wenigstens geschätzte Mengenanteile anzugeben, entspricht der kritischen Anmerkung von Vygen zu dem Urteil des BGH vom 20.3.1969.[197] Die Ordnungszahl 0.2.3 fordert Angaben über Art und Zustand der Förderwege sowie über etwaige Einschränkungen. Im Fall Straßensperrung[198] hatte der Auftraggeber sich an diese Bestimmung gehalten, indem er die Bahnhofstraße als Weg benannte.

Es folgt die Ordnungszahl 1, die den Geltungsbereich der jeweiligen DIN abgrenzt. So heißt es zum Beispiel unter Ordnungszahl 1.1 der DIN 18 306, Entwässerungskanalarbeiten, daß diese für das Herstellen von geschlossenen Entwässerungskanälen, von Grundleitungen der Grundstücksentwässerung im Erdreich, auch unter Gebäuden, einschließlich der dazugehörigen Schächte gilt. Unter Ziff. 1.2 heißt es, daß die DIN nicht gilt für die bei der Herstellung der Kanäle auszuführenden Erdarbeiten, für die Verbauarbeiten und für die Rohrvortriebsarbeiten. Für diese wird jeweils auf die entsprechenden anderen DIN-Regelungen verwiesen. Das führt dazu, daß beispielsweise in dem Fall Schlammsohle Kanalisationsgraben[199] drei DIN-Regelungen heranzuziehen sind, nämlich die

---

195 BGH vom 22.3.1984, NJW 1984, 1679 = Schäfer/Finnern/Hochstein, Nr. 5 zu § 13 VOB/B (1973) Nr. 5 = BauR 1984, 395 = ZfBR 1984, 173 = BB 1984, 1703 = Betrieb 1984, 1720; OLG Düsseldorf vom 19.3.1991, BauR 1991, 747; vgl. oben II, 1 c u. d.
196 BGH vom 20.3.1969, Schäfer/Finnern Z 2.11 Bl. 8; vgl. oben II, 3, b, aa.
197 Vygen/Schubert/Lang, Rdn. 164 f.
198 OLG Düsseldorf vom 9.5.1990, BauR 1991, 337; vgl. oben II, 4, c.
199 OLG Hamm vom 17.12.1993, NJW-RR 1994, 406; vgl. oben II, 5, c.

- DIN 18 300 Erdarbeiten, für den Grabenaushub,
- DIN 18 303 für den Baugrubenverbau und letztlich
- DIN 18 306 für das eigentliche Verlegen der Kanalisationsleitung.

Unter der Ordnungszahl 2 werden die Stoffe und Bauteile behandelt. Die Ordnungszahl 2.3 der DIN 18 300 zählt zum Beispiel sieben Boden- und Felsklassen auf, beginnend mit der Klasse 1, Oberboden, bis zur Klasse 7, schwer lösbarer Fels. Die Ordnungszahl 2 der DIN 18 330 nennt die für die zu vermauernden Steine, den zu verwendenden Mörtel usw. geltenden speziellen DIN-Regelungen.

Die Ordnungszahl 3 betrifft die Ausführung. Hier heißt es z.B. unter Ziff. 3.2.5 der DIN 18 330, daß, wenn Mauerwerk zu verfugen ist, der Mörtel 1,5 cm tief auszukratzen und unmittelbar vor dem Verfugen die Ansichtsfläche gründlich zu nässen und mit Wasser zu reinigen ist. Im übrigen wird auf die jeweiligen DIN-Regelungen verwiesen, die die Maßtoleranzen festlegen. Für den Erdbau ordnet die Ordnungszahl 3.5.3 an, daß, wenn beim Abtrag von der Leistungsbeschreibung abweichende Bodenverhältnisse angetroffen werden, die erforderlichen Maßnahmen gemeinsam, also zwischen Auftraggeber und Auftragnehmer, festzulegen sind.

Sowohl für die Abschnitte Stoffe und Bauteile (Ordnungszahl 2) wie auch für die Ausführung (Ordnungszahl 3) enthalten die jeweiligen DIN nur Grundregeln, die in erheblichem Umfange präzisiert und konkretisiert werden durch die weiteren DIN-Regelungen, auf die jeweils verwiesen wird.

Die Abschnitte der Ordnungszahl 4, überschrieben mit *Nebenleistungen, Besondere Leistungen*, sollen wegen der zentralen Bedeutung für das hier behandelte Thema einem besonderen Kapitel vorbehalten bleiben.

Die Ordnungszahl 5 der DIN 18 299 bestimmt als Grundregel für die Abrechnung, daß die Leistung aus den Zeichnungen zu ermitteln ist, soweit die ausgeführte Leistung diesen Zeichnungen entspricht. Sind solche Zeichnungen nicht vorhanden, ist die Leistung aufzumessen. Im einzelnen heißt es zum Beispiel in der DIN 18 350, Putz- und Stuckarbeiten, unter der Ordnungszahl 5.1.6, daß in Decken, Wänden usw. Öffnungen bis 2,5 qm Einzelgröße übermessen werden und im Gegenzuge die Laibungen von Öffnungen dieser Größe nicht gesondert gerechnet werden.

In den Ordnungszahlen 5.2.5 und 5.2.6 der DIN 18 421, Wärmedämmarbeiten an betriebstechnischen Anlagen, heißt es, daß Paßstücke, Abkantungen an Abflachungen usw. besonders abzurechnen sind. Nur wenn gleichzeitig vereinbart wird, daß die vereinbarten Einheitspreise für die fix und fertige Leistung gelten, entfällt das Recht auf gesonderte Berechnung.[200] Indem die Bestimmungen der Abschnitte 5 die Höhe der Vergütung beeinflussen — es sei denn, sie sind vertraglich aufgehoben —, wirken sie auf das Vertragsverhältnis ein und sind damit als allgemeine Geschäftsbedingungen zu behandeln. Das bedeutet, daß ihre Gültigkeit von der Einhaltung der Bestimmungen des AGB-Gesetzes abhängt.[201] Mithin muß der Verwender der Abrechnungsbestimmungen der Abschnitte 5 der VOB/C diese in einer dem § 2 AGBG gemäßen Weise dem Vertragspartner zugänglich machen, wenn er sich später auf sie berufen will. Es gelten die gleichen Einbeziehungsvoraussetzungen wie für die VOB/B,[202] das heißt, der Verwender muß den Text seiner jeweiligen Gewerke-DIN sowie der allgemeinen DIN 18 299 übergeben oder mindestens die Aushändigung anbieten, wenn er sich mit Erfolg auf sie berufen will.[203]

b) Die Besonderen Leistungen der Abschnitte 4

Die Unterabschnitte 4 der ATV tragen einheitlich in allen der derzeit 55 DIN-Normen der VOB/C die Überschrift

Nebenleistungen, Besondere Leistungen.

Wie diese beiden Begriffe verstanden werden sollen, steht in der Grundnorm, der DIN 18 299. Deren Ordnungszahl 4.1 hat folgenden Wortlaut:

Nebenleistungen sind Leistungen, die auch ohne Erwähnung im Vertrag zur vertraglichen Leistung gehören (B § 2 Nr. 1).

Es folgen zwölf Unterpositionen, von denen es heißt, daß sie „insbesondere" Nebenleistungen seien.

Das Gegenstück zu den Nebenleistungen sind die Besonderen Leistungen, die in der Ordnungszahl 4.2 definiert werden:

Besondere Leistungen sind Leistungen, die nicht Nebenleistungen gemäß Abschn. 4.1 sind und nur dann zur vertraglichen Leistung gehören, wenn sie in der Leistungsbeschreibung besonders erwähnt sind.

---

200 So das OLG Köln in seiner Entscheidung vom 4.4.1990, Schäfer/Finnern/Hochstein, Nr. 1 zu § 2 Nr. 1 VOB/B (1973) = BauR 1991, 615.
201 So auch Hensen in Ulmer/Brandner/Hensen, Anh. §§ 9-11 AGBG, Rdn. 901.
202 Zu den Einbeziehungsvoraussetzungen im einzelnen Ingenstau/Korbion, Einl. Rdn. 91 ff.
203 Nicklisch/Weick, § 1 Rdn. 12a.

Auch hier folgt eine Aufzählung von diesmal sechzehn Unterpositionen, die „z.b." Besondere Leistungen seien, also auch hier beispielhaft aufgezählt werden ohne Anspruch auf Vollständigkeit. Die Bezugnahme auf die Nebenleistungen umfaßt den Bezug zur Vergütungsregelung des § 2 Nr. 1 VOB/B. Im Gegensatz zu den Nebenleistungen sind die Besonderen Leistungen also mit der vertraglichen Vergütung nicht abgegolten. Sind Besondere Leistungen im Leistungsverzeichnis allerdings aufgeführt, scheiden sie als solche aus und gehören zu den vertraglichen Leistungen im Sinne des § 2 Nr. 1 VOB/B, sind also mit der vertraglichen Vergütung abgegolten.

Welche Nebenleistungen und Besonderen Leistungen nehmen die ATV in ihre exemplarischen Listen auf? Das umfangreiche Regelwerk begleitet die Bauleistung vom Anfang bis zum Ende.

aa) Baustelleneinrichtung

Will der Unternehmer mit der Ausführung seiner Bauleistung beginnen, muß er sich, von der Vorfertigung von Teilen in seinem eigenen Betrieb abgesehen, auf die Baustelle begeben und sich dort in den Baustellenbetrieb einordnen. Aus dieser einleitenden Bautätigkeit erwächst der erste Abgrenzungsbedarf. § 4 Nr. 1 Abs. 1 VOB/B bestimmt, daß es Sache des Auftraggebers ist, für die allgemeine Ordnung auf der Baustelle zu sorgen und das Zusammenwirken der verschiedenen Unternehmer zu regeln. Überträgt der Bauherr diese Aufgabe teilweise dem Rohbauunternehmer, wegen seines überwiegenden Anteils an der Fertigstellung des Gesamtbauwerks auch der Hauptunternehmer genannt, bestimmt die Ordnungszahl 4.2.7 der DIN 18 299, daß das Aufstellen, Vorhalten, Betreiben und Beseitigen von Einrichtungen zur Sicherung und Aufrechterhaltung des Verkehrs auf der Baustelle, z.B. Bauzäune, Schutzgerüste, Hilfsbauwerke, Beleuchtungen oder Leiteinrichtungen, eine Besondere Leistung ist.

Für das jeweilige Einzelgewerk bestimmt § 4 Nr. 4 VOB/B unter dem Buchstaben a), daß der Auftraggeber dem Auftragnehmer die notwendigen Lager- und Arbeitsplätze auf der Baustelle unentgeltlich zu überlassen hat. In Ergänzung zu dieser Bestimmung stellen die Ordnungszahlen 4.1.1 und 4.1.2 der DIN 18 299 klar, daß das Einrichten, Vorhalten und Räumen der Baustelle einschließlich Geräte und dergleichen eine Nebenleistung, mithin von der vertraglichen Vergütung abgegolten ist.

Gehört dazu auch die Bereitstellung von Aufenthaltsräumen für die Beschäftigten? Die Ordnungszahl 4.2.1 der DIN 18 330, Maurerarbeiten, bestimmt, daß das Vorhalten von Aufenthalts- und Lagerräumen, wenn der Auftraggeber Räume, die leicht verschließbar gemacht werden können, nicht zur Verfügung stellt, eine Besondere Leistung ist. Inhaltsgleiche Regelungen enthalten die Ordnungszahl 4.2.2 der DIN 18 332, Naturwerksteinarbeiten, Ordnungszahl 4.2.2 der DIN 18 338, Dachdeckungs- und Dachabdichtungsarbeiten. Bei den Betonbauern (DIN 18 331), den Betonwerksteinarbeitern (DIN 18 333) sowie den Zimmerleuten (DIN 18 334) sucht man eine entsprechende Bestimmung allerdings vergeblich. Die Grundnorm DIN 18 299 enthält nur die Hinweise unter Ziff. 0.2.7, daß die Mitbenutzung fremder Aufenthaltsräume durch den Auftragnehmer im Leistungsverzeichnis anzugeben ist, sowie unter der Ordnungszahl 4.1.5 die Bestimmung, daß das Beleuchten, Beheizen und Reinigen der Aufenthalts- und Sanitärräume für die Beschäftigten des Auftragnehmers eine Nebenleistung ist. Die ATV regeln die Frage der Aufenthaltsräume also nur zum Teil.

Sind die Bauarbeiter untergebracht, brauchen sie Wasser und Strom, um mit der Arbeit beginnen zu können. § 4 Nr. 4 VOB/B bestimmt unter c), daß der Auftraggeber vorhandene Anschlüsse für Wasser und Energie dem Auftragnehmer unentgeltlich zur Benutzung oder Mitbenutzung zu überlassen hat. Die Kosten für den Verbrauch und den Zähler trägt der Auftragnehmer. Die Ordnungszahl 4.1.6 der DIN 18 299 ergänzt diese Bestimmung dahin gehend, daß das Heranbringen von Wasser und Energie von den vom Auftraggeber auf der Baustelle zur Verfügung gestellten Anschlußstellen zu den Verwendungsstellen eine Nebenleistung ist.

Was gilt nun für den Fall, daß auf der Baustelle weder ein Wasser- noch ein Stromanschluß vorhanden ist? § 4 Nr. 4 VOB/B verlangt nur, daß der Auftraggeber einen *vorhandenen* Anschluß zur Verfügung stellt. Erschöpft sich darin die Mitwirkungspflicht des Auftraggebers mit der Folge, daß, wenn kein Anschluß vorhanden ist, der Unternehmer diesen auf eigene Kosten selbst herstellen muß?[204] Es zeigt sich eine Regelungslücke zwischen § 4 Nr. 4 VOB/B einerseits und Ordnungszahl 4.1.6 der DIN 18 299 andererseits. Sie kann durch die Ordnungszahl 0.1.5 der DIN 18 299 geschlossen werden. Dort steht, daß Lage, Art, Anschlußwert und Bedingungen für das Überlassen von Anschlüssen für Wasser, Energie und Abwasser in der Leistungsbeschreibung anzugeben sind. Mangels abweichenden Hinweises kann danach der Unternehmer von üblichen Anschlußmöglichkeiten ausgehen. Üblich ist ein vorhandener Anschluß sowohl für Wasser wie für Strom, wie § 4 Nr. 4 VOB/B in Verbindung mit der Ordnungszahl 4.1.6 der DIN 18 299 zeigt.

Die Errichtung eines Bauwerks ist aber nicht nur energieverzehrend, sie verlangt auch wegen der Größe die Hilfe von Arbeits- und Schutzgerüsten. Ihr Auf-, Um- und Abbau sowie ihr Vorhalten gehört zu den Nebenleistungen

---

204 So offenbar Korbion in Ingenstau/Korbion, § 4 VOB/B, Rdn. 277.

des Maurers und des Betonbauers, und zwar in dem Umfange, wie die Gerüste für die eigene Leistung notwendig sind (4.1.2 der DIN 18 330 und 4.1.4 der DIN 18 331). Gleiches gilt für den Stahlbauer, DIN 18 335, Ordnungszahl 4.1.6.

Darin erschöpft sich aber nicht die von ihnen zu den Vertragspreisen zu erbringende Leistung. Die drei Gewerke müssen nämlich ihr Gerüst noch drei Wochen über die eigene Benutzungsdauer hinaus zur Mitbenutzung durch andere Unternehmer stehenlassen. Die entsprechende Ordnungszahl 4.1.3 der DIN 18 330 (inhaltsgleich mit Ordnungszahl 4.1.6 der DIN 18 331 und 4.1.5 der DIN 18 335) hat folgenden Wortlaut:

Nebenleistungen sind . . .

Vorhalten der Gerüste sowie der Abdeckungen und Umwehrungen von Öffnungen zum Mitbenutzen durch andere Unternehmer bis zu drei Wochen über die eigene Benutzungsdauer hinaus. Der Abschluß der eigenen Benutzung ist dem Auftraggeber unverzüglich schriftlich mitzuteilen.

Das Gebot der schriftlichen Mitteilung erlaubt dem Auftraggeber, sich beizeiten darauf einzustellen, ob und wenn ja in welchem Umfang die Gerüstvorhaltung die Dreiwochenfrist überschreitet und damit zu einer Besonderen Leistung wird. Die Ordnungszahl 4.2.2 der DIN 18 330 (= 4.2.3 der DIN 18 331 = 4.2.2 der DIN 18 335) hat folgenden Wortlaut:

Besondere Leistungen . . .

Vorhalten der Gerüste, der Abdeckungen und Umwehrungen länger als drei Wochen über die eigene Benutzungsdauer hinaus für andere Unternehmer.

Die VOB/C geht demnach davon aus, daß die Ausstattung der Baustelle mit dem notwendigen Gerüst Sache des Hauptunternehmers ist, und zwar über den eigenen Bedarf hinaus für die Erfordernisse der Gesamtfertigstellung. In diesem Fall hat die Nebenleistung einen Zugabecharakter. Mit dieser Regelung verbunden ist eine Entlastung der Ausbaugewerke. Für den Zimmermeister, den Tischler, den Dachdecker usw. findet sich im Katalog der Nebenleistungen jeweils die Bestimmung

Auf- und Abbauen sowie Vorhalten der Gerüste, deren Arbeitsbühnen nicht höher als 2 m über Gelände oder Fußboden liegen.

Die entsprechende Klausel im Katalog der Besonderen Leistungen lautet wie folgt:

Auf- und Abbauen sowie Vorhalten der Gerüste, deren Arbeitsbühnen mehr als 2 m über Gelände oder Fußboden liegen.

Steht das Arbeitsgerüst, müssen die Baumaterialien zur Arbeitsstelle geschaffen werden. Wie steht es mit der Benutzung von Baukränen und Lastenaufzügen? Nach der Ordnungszahl 4.1.9 der DIN 18 299 ist für jeden Unternehmer der Transport der Stoffe und Bauteile zur Verwendungsstelle eine Nebenleistung, also seine eigene Angelegenheit. Im Fall Betonpumpe hätte danach die Prüfung nahegelegen, ob die abweichend von dieser Grundregel vorbehaltene Sonderberechnung der Betonpumpe als Hilfsgerät, den Frischbeton zur Einbaustelle zu bringen, wegen des Widerspruchs zur Ordnungszahl 4.1.9 der DIN 18 299 mit dem AGB-Gesetz vereinbar war.

Gehen die Bauarbeiten dem Ende entgegen, stellt sich das Problem der Abfallbeseitigung. Hierzu bestimmt die Ordnungszahl 4.1.11 der DIN 18 299, daß die Entsorgung des eigenen Abfalls eine Nebenleistung ist. Die Ordnungszahl 4.1.12 der DIN 18 299 enthält allerdings eine Zugabe: auch die Beseitigung von Abfall des Auftraggebers bis 1 cbm ist eine Nebenleistung, soweit dieser Abfall nicht schadstoffbelastet ist.

Mit den Bestimmungen zur Baustelleneinrichtung tragen die ATV dem Umstand Rechnung, daß der Unternehmer nicht in seiner eigenen Werkstatt, sondern an einem für ihn zunächst fremden Ort, auf dem Grundstück seines Auftraggebers, sein Werk herstellt. Hinsichtlich der dort einzurichtenden Baustelle verteilen die ATV die Aufgaben auf die beiden Vertragsparteien und ziehen damit zwischen beiden eine Aufwandsgrenze. Dem Auftraggeber sagen sie, welche Vorkehrungen er zu treffen hat. Dem Auftragnehmer beantworten sie die Frage, welche Baubehelfe er vorzufinden erwarten darf. Er hat eine Grundlage für die insoweit von ihm zu kalkulierenden Kosten. Die damit verbundene Herausnahme der Besonderen Leistungen aus dem Aufwandsrisiko des Unternehmers kann der Auftraggeber dadurch ändern, daß er sie in der Leistungsbeschreibung besonders erwähnt (Ordnungszahl 4.2 der DIN 18 299). Ist das nicht geschehen, können sie als Besondere Leistungen anfallen, die mit der vereinbarten Vergütung nicht abgegolten sind.

bb) Baugelände

Wenn alle Vorbereitungen getroffen sind, beginnt die Arbeit auf dem Baugelände. Als erstes muß es vom Bewuchs freigeräumt werden. Die Beseitigung von Sträuchern und Bäumen bis zu 10 cm Durchmesser, gemessen einen Meter über dem Erdboden, wird von der Ordnungszahl 4.1.2 der DIN 18 300 als Nebenleistung behandelt, darüber hinausgehende Beseitigung von Aufwuchs dagegen als Besondere Leistung (Ordnungszahl 4.2.3 der DIN 18 300).

Steht eine Baugrubenwand in bedrohlicher Nähe eines Nachbarhauses, muß dieses gesichert werden. In einem konkreten Fall war die Baugrubenwand als Schlitzwand auszuführen, die im Boden verbleiben und Teil des späteren Bauwerks werden sollte. Um zu verhindern, daß die Nachbarfundamente in den offenen noch nicht mit Beton ausgefüllten Schlitz hineindrücken, wurde eine chemische Bodenverfestigung notwendig. Im Leistungsverzeichnis war sie nicht vorgesehen. Wie das OLG Braunschweig[205] festgestellt hat, hängt die Anerkennung als Besondere Leistung davon ab, ob die chemische Bodenverfestigung dem Bau der Schlitzwand oder der Sicherung des Nachbargebäudes zu dienen bestimmt war. Die Ordnungszahl 3.1.4 der DIN 18 313 lautet:

Gefährdete bauliche Anlagen sind zu sichern; DIN 4123 „Gebäudesicherung im Bereich von Ausschachtungen, Gründungen und Unterfangungen" ist zu beachten. Bei Schutz- und Sicherungsmaßnahmen sind die Vorschriften der Eigentümer oder anderer Weisungsberechtigter zu beachten. Solche Maßnahmen sind Besondere Leistungen (s. Abschn. 4.2.1).

Das OLG Braunschweig meinte, die chemische Bodenverfestigung könne nur dann als Besondere Leistung im Sinne dieser Bestimmung angesehen werden, wenn sie nicht der Bauleistung selbst, der Herstellung der Schlitzwand, gedient hätte. Es legt die Bestimmung also einengend dahin gehend aus, daß Zweck der Maßnahme nur die Sicherung und der Schutz benachbarter Bauwerke sein dürfe. Erfüllt die Maßnahme einen weiteren Zweck, hier das Gießen der Schlitzwand zu sichern, scheidet sie nach der Auslegung des Gerichts als Besondere Leistung aus. Die Frage ist, ob in einem solchen Grenzbereich zwischen rechtlicher und technischer Auslegung der DIN-Bestimmung das Gericht nicht einen technischen Sachverständigen hinzuziehen sollte.

cc) Ineinandergreifen verschiedener Gewerke

Das Bauen ist von der Kooperation der verschiedenen Gewerke geprägt. So muß zum Beispiel der Elektriker vor dem Schütten der Decke seine Kabel für die Deckenbeleuchtung auf die Schalung legen und vor dem Putzen sein Kabel auf die Wand nageln. Wenn es bei dieser Zusammenarbeit Störungen gibt und nachträglich Schlitze oder Durchbrüche hergestellt werden müssen, bestimmt die DIN 18 382 (Elektrische Kabel- und Leitungsanlagen in Ge-

---

205 OLG Braunschweig vom 24.10.1989, BauR 1990, 742.

bäuden) unter der Ordnungszahl 4.1.3, daß das Anzeichnen von Schlitzen und Durchbrüchen eine Nebenleistung ist. Deren Herstellen und Schließen wird dagegen unter der Ordnungszahl 4.2.4 als Besondere Leistung vermerkt, ist also nicht im Preis enthalten. Aber auch vom Maurer kann der Bauherr diese Arbeit nur verlangen, wenn sie ausgeschrieben ist. Denn in dessen DIN 18 330 sagen die Ordnungszahlen 4.2.5 und 4.2.6, daß Herstellen und Schließen von Schlitzen und Durchbrüchen Besondere Leistungen sind. Aus der Tatsache, daß diese Leistungen bei den beiden Gewerken nicht in die Preise einzukalkulieren sind, darf geschlossen werden, daß die ATV davon ausgehen, daß bei ordnungsgemäßer Planung diese Leistungen nicht anzufallen brauchen.

dd) Ineinandergreifen von Ausführungsplanung des Auftraggebers und darauf aufbauender Werkplanung des Unternehmers

Nicht nur die verschiedenen Gewerke müssen zusammenarbeiten, auch die Planung des Auftraggebers und die Eigenplanung des Unternehmers greifen ineinander. In ein vorhandenes Gebäude soll in das Untergeschoß eine Tiefgaragenzufahrt eingebaut werden. Die dabei erforderliche Umgestaltung tragender Teile erfordert eine Stahlabfangkonstruktion. Die für diese Konstruktion erforderliche Statik läßt der Bauherr durch sein Ingenieurbüro erstellen, die weiter erforderlichen Ausführungszeichnungen stellt er dagegen nicht zur Verfügung. Er meint, sie seien Nebenleistungen im Sinne der DIN 18 331, Beton- und Stahlbetonarbeiten.

Deren Ordnungszahl 4.1.5 lautet:

Nebenleistungen sind
Anfertigen und Liefern von statischen Verformungsberechnungen und Zeichnungen, soweit sie für Baubehelfe nötig sind.

Das OLG Köln hat entschieden,[206] daß die Abfangkonstruktion durchaus als Baubehelf einzustufen sei, weil die Teile zu 90 % wieder entfernt werden würden und die im Bauwerk verbliebenen 10 % keine statische Funktion erfüllen. Es hat die Ordnungszahl 4.1.5 der DIN 18 331 aber trotzdem nicht angewandt, weil sie nur für solche Baubehelfe gelte, die ihrer Funktion und Bedeutung nach bloße Nebenleistungen zu den Stahlbetonarbeiten seien. Habe der Baubehelf dagegen, wie im vorliegenden Fall, nach den Verdingungsunterlagen den Rang einer Hauptleistung (Abfangung der Untergeschoßdecke), gelte die DIN 18 451, Gerüste. In dieser DIN ist abgegrenzt

---

206 OLG Köln vom 30.4.1992, BauR 1992, 637 = NJW-RR 1992, 1437.

zwischen Typengenehmigungen und allgemeinen bauaufsichtlichen Zulassungsbescheiden, die Nebenleistung sind (Ordnungszahl 4.1.3 der DIN 18 451). Alle sonstigen statischen Berechnungen sind dagegen Besondere Leistungen. Der entsprechende Abschnitt 4.2.5 der DIN 18 451 lautet wie folgt:

Besondere Leistungen sind
Aufstellen statischer Berechnungen und Anfertigen der dazugehörigen Zeichnung, ausgenommen Leistungen nach Abschn. 4.1.3.

Die Ordnungszahl 4.1.3 lautet:

Nebenleistungen sind
Liefern von Typengenehmigungen oder allgemeinen bauaufsichtlichen Zulassungsbescheiden.

Der Verfasser der Leistungsbeschreibung hatte über die Ausführungszeichnungen zur Statik geschwiegen. Die VOB/C füllt die Lücke, indem sie sie den Besonderen Leistungen zuweist. Hätte er die Ausführungszeichnungen als eigene Position in das Leistungsverzeichnis aufgenommen, hätten sie zur vertraglichen Leistung im Sinne des § 2 Nr. 1 VOB/B gehört und wären mit der vereinbarten Vergütung abgegolten.

ee) Wetterbedingungen

Zu den Witterungseinflüssen generell bestimmt § 6 Nr. 2 Abs. 2 VOB/B, daß sie nicht als Behinderung gelten, wenn bei Abgabe des Angebotes normalerweise mit ihnen gerechnet werden mußte. Das bedeutet, daß in diesem Falle die im Abs. 1 des § 6 Nr. 2 gewährte Verlängerung der Ausführungsfrist nicht in Anspruch genommen werden kann. Die Bestimmung ergibt den Umkehrschluß, daß im Falle nicht einzukalkulierender Witterungseinflüsse der Auftraggeber eine Verlängerung etwa vereinbarter Ausführungstermine akzeptieren muß. Mit dieser Vorschrift wird aber nur die Ausführungszeit geregelt, nicht eine etwaige Änderung der Vergütung. Dazu finden sich Regelungen in der VOB/C. Die Ordnungszahl 4.1.10 der DIN 18 299 bestimmt, daß Nebenleistung ist das

Sichern der Arbeiten gegen Niederschlagswasser, mit dem normalerweise gerechnet werden muß, und seine erforderliche Beseitigung.

Im Gegensatz dazu bestimmt die Ordnungszahl 4.2.4 der DIN 18 299, daß Besondere Leistungen sind

Besondere Schutzmaßnahmen gegen Witterungsschäden, Hochwasser und Grundwasser, ausgenommen Leistungen nach Abschn. 4.1.10

Die DIN 18 299 verteilt also das Risiko von Mehrkosten in ähnlicher Weise wie § 6 Abs. 2 VOB/B das der Einhaltung der Baufrist. Das vom Unternehmer zu tragende Aufwandsrisiko ist begrenzt auf Wetterschwankungen, mit denen normalerweise gerechnet werden muß. Die vorstehend zitierten Bestimmungen der DIN 18 299 wird man ergänzend auslegen müssen. Das Wetter besteht nicht nur aus Niederschlag, so daß die Ziff. 4.1.10 auch für andere Witterungseinflüsse heranzuziehen sein wird. Entsprechend wird man die in der Ordnungszahl 4.2.4 genannten besonderen Maßnahmen danach abgrenzen müssen, ob ihre Erforderlichkeit auf Witterungseinflüsse zurückzuführen ist, mit denen normalerweise nicht zu rechnen ist.

Eine besondere Bedeutung für das Bauen hat der Winter. Schnee und Frost unterbrechen üblicherweise die Bauarbeiten. Dabei muß der Gefahr vorgebeugt werden, daß die halbfertigen Bauleistungen Schaden nehmen. § 4 Nr. 5 S. 2 VOB/B bestimmt:

Auf Verlangen des Auftraggebers hat er sie vor Winterschäden und Grundwasser zu schützen, ferner Schnee und Eis zu beseitigen. Obliegt ihm die Verpflichtung nach S. 2 nicht schon nach dem Vertrag, so regelt sich die Vergütung nach § 2 Nr. 6.

Die Regelung entspricht inhaltlich der Ordnungszahl 4.2.4 der DIN 18 299 mit dem Unterschied, daß die Schutzpflicht von einem Verlangen des Auftraggebers abhängig gemacht wird.

Will der Auftraggeber sich mit dem Ruhen der Baustelle und dem Schutz gegen Winterschäden nicht zufrieden geben, kann er die Weiterarbeit fordern. Dies ist dem Unternehmer nur mit zusätzlichem Aufwand wie Wärmegeräten, Planenschutz usw. möglich. Dieser Mehraufwand ist laut Ordnungszahl 4.2.14 der DIN 18 299 eine Besondere Leistung:

Zusätzliche Maßnahmen für die Weiterarbeit bei Frost und Schnee, soweit sie dem Auftragnehmer nicht ohnehin unterliegen.

Der Wortlaut läßt offen, ob der Auftraggeber die Weiterarbeit ausdrücklich gefordert hat oder ob sie aus bautechnischen Gründen unausweichlich ist. Größere tragende Betonbauwerke beispielsweise müssen Takt für Takt in einem Zuge betoniert werden und dulden keine längere Unterbrechung, soll nicht das feste Gefüge des Betons gestört sein. In diesem Falle können die zusätzlichen Maßnahmen unabhängig von der Entscheidung des Auftraggebers eine unausweichliche Notwendigkeit werden.

Speziell für das Betonieren gibt es die Sondervorschrift 4.2.6 der DIN 18 331. Nach ihr sind Besondere Leistungen

Vorsorge- und Schutzmaßnahmen für das Betonieren unter +5 ° Celsius Lufttemperatur (s. DIN 10 45).

Diese Bestimmung ist von erheblicher praktischer Bedeutung, weil diese Temperaturgrenze keinesfalls als extrem bezeichnet werden kann. Der Hintergrund der Bestimmung ist, daß der Beton bei Temperaturen unter +5 °C eine extrem verlängerte Abbindezeit benötigt, die nicht nur zu einer Störung des gesamten Bauablaufs führt, sondern auch das Erreichen der vorgesehenen Endfestigkeit in Frage stellt. Aus diesem Grunde müssen spezielle Erwärmungsmaßnahmen ergriffen werden wie Vorwärmen des Frischbetons und Warmhalten des vergossenen Betons durch Dämmatten u.ä. Ein vergleichbares Problem entsteht bei einer längeren Hitzeperiode mit Temperaturen über +30 °C und geringer Luftfeuchtigkeit. Läßt sich beim Hereinbrechen einer solchen Hitzewelle ein Betoniervorgang nicht unterbrechen, muß der heranzutransportierende Frischbeton wie auch der frisch vergossene Beton zusätzlich gekühlt und feucht gehalten werden. Versteht man die zusätzlichen Maßnahmen bei der Unterschreitung der Temperatur von +5 °C als exemplarisch, sind dementsprechend auch die Zusatzmaßnahmen bei Temperaturen über +30 °C Besondere Leistungen.

Auch hinsichtlich der Witterungseinflüsse ziehen die Abschnitte 4 der ATV eine Grenze der dem Unternehmer im Regelfall zuzumutenden Aufwendungen.

ff) Der Baugrund

Ähnlich wie das Wetter entzieht sich auch der Baugrund einer zuverlässigen Vorausberechnung. An die vier Beispielsfälle aus der Gruppe Bodenbearbeitung[207] sei erinnert. So kann der Erdbauer auf unvermutete Hindernisse treffen, wenn er sich in das Erdreich hineinwühlt. Für Fälle dieser Art trifft die Ordnungszahl 3.1.5 der DIN 18 300, Erdarbeiten, die folgende Regelung:

Werden unvermutete Hindernisse, z.B. nicht angegebene Leitungen, Kabel, Draine, Kanäle, Vermarkungen, Bauwerksreste angetroffen, ist der Auftraggeber unverzüglich darüber zu unterrichten. Die zu treffenden Maßnahmen sind Besondere Leistungen (s. Abschn. 4.2.1).

Unter 4.2.1 sind die Ordnungszahlen aus den Abschnitten 3 aufgeführt, bei denen die Ausführungsvorschriften zu Besonderen Leistungen führen können. In dem Fall Schlitzwandgreifer[208] hatte sich der Unternehmer zur Be-

---
207 Vgl. oben II, 3, b.
208 OLG Stuttgart vom 11.8.1993, BauR 1994, 631 f.

gründung seines Mehrvergütungsanspruchs auf diese Bestimmung berufen, freilich ohne Erfolg, weil das Gericht den Sandsteinbrocken, den der Unternehmer als Hindernis empfunden hatte, nicht als unvermutet anerkennen mochte.

Einen Sonderfall von Hindernissen bilden Findlinge. Deren Beseitigung ist eine Besondere Leistung, wenn ihr Rauminhalt 0,1 cbm, das entspricht etwa einem Durchmesser von 60 cm, überschreitet. Werden in Gräben Steine angetroffen, gilt bereits ein Rauminhalt von 0,01 cbm = 30 cm Durchmesser als Grenze, (Ordnungszahlen 4.1.3, 4.2.4 der DIN 18 300).

Wäre der Fall Wassergehalt Felszerkleinerung[209] heute zu entscheiden, wäre die Ordnungszahl 3.7.7 der DIN 18 300 heranzuziehen. Sie lautet:

Ist der vorgeschriebene Verdichtungsgrad durch Verdichten nicht zu erreichen, so sind geeignete Maßnahmen, z.B. Bodenverbesserung, Bodenaustausch, gemeinsam festzulegen; diese sind Besondere Leistungen (s. Abschn. 4.2.1).

Wenn der Auftraggeber die Verdichtung des Bodens ausschreibt, ist nach dieser Bestimmung die Verdichtungsfähigkeit Vertragsgrundlage. Das Risiko, daß diese Erwartung sich nicht erfüllt, ist also dem Auftraggeber übertragen. Die seinerzeit getroffene Entscheidung des BGH müßte, wenn diese DIN-Regelung zugrunde gelegt wird, anders ausfallen und dem Unternehmer eine Besondere Leistung zuerkennen.

Der Fall des Aushubs abweichender Qualität für die Autobahntrasse[210] wäre in der DIN 18 300 erfaßt worden, wenn bereits die Fassung 73 gegolten hätte. Ihre Ordnungszahl 3.5.3 befaßt sich sowohl mit den abweichenden Bodenverhältnissen wie mit nicht einhaltbaren Abtragsquerschnitten. Hinsichtlich der Bodenverhältnisse hat die Bestimmung den folgenden Wortlaut:

Wenn beim Abtrag von der Leistungsbeschreibung abweichende Bodenverhältnisse angetroffen ... werden, so sind die erforderlichen Maßnahmen gemeinsam festzulegen; diese sind Besondere Leistungen (s. Abschn. 4.2.1).

Dieser Fall war bei dem Bodenaushub eingetreten, über den das LG Köln zu entscheiden hatte. Statt des erwarteten fließenden Bodens unterhalb von einem Meter war fester Boden angetroffen worden. Der Grundgedanke

---

209 BGH vom 20.3.1969, Schäfer/Finnern, Z 2.11 Bl. 8; vgl. oben II, 3, b, aa.
210 LG Köln vom 8.5.1979, Schäfer/Finnern/Hochstein, Nr. 2 zu § 2 Ziff. 6 VOB/B (1952), BauR 1980, 638; vgl. oben II, 3, b, bb.

der DIN 18 300 ist die Anpassung des Vertrages an die veränderte Sachlage.

Korbion meint, es gehe keinesfalls an, die nach DIN 18 300 Nr. 2 innerhalb des Rahmens einer Bodenklasse liegende Erschwernis zum Anlaß für ein Abgehen vom vertraglich vereinbarten Preis zu nehmen.[211] Dem muß entgegengehalten werden, daß das recht grobe Raster der Bodenklassen durch eine verfeinerte gutachtliche Beschreibung der Bodenverhältnisse spezifiziert werden kann. Die Bandbreite innerhalb einer Bodenklasse läßt eine einigermaßen zuverlässige Kostenkalkulation nur unvollkommen zu. Wenn es der Wille des Auftraggebers ist, durch ein präzisierendes Gutachten die Unsicherheiten der Kalkulation einzuengen, dann gebührt dieser Präzisierung der Vorrang vor der allgemeinen Bodenklassenangabe. Die Folge dieser Präzisierung der Aufwandsangaben ist, daß bereits die Abweichung von der Beschreibung des Bodengutachtens abweichende Bodenverhältnisse im Sinne der Ordnungszahl 3.5.3 bedeuten kann, ohne daß damit ein Wechsel der Bodenklasse verbunden zu sein braucht. Der Auftraggeber bestimmt den Inhalt der Leistungsbeschreibung und damit die Voraussetzungen etwaiger Abweichungen.

Der Fall Sandlinse[212] hätte nach der DIN 18 300 Fassung 73 gelöst werden können. Das Fehlen jeglicher bindiger Bestandteile in der Sandlinse war der Grund der nicht zu stoppenden Rutschungen. Für diesen Fall bestimmt die Ordnungszahl 3.8.4 der DIN 18 300 folgendes:

Ergibt sich während der Ausführung von Böschungen die Gefahr von Rutschungen, hat der Auftragnehmer unverzüglich die notwendigen Maßnahmen zur Verhütung von Schäden zu treffen und den Auftraggeber zu verständigen. Die weiteren Maßnahmen zur Verhütung oder Beseitigung von Rutschungen sind gemeinsam festzulegen. Soweit die Ursache nicht der Auftragnehmer zu vertreten hat, sind die zur Verhütung von Schäden vom Auftragnehmer getroffenen sowie die weiteren Maßnahmen Besondere Leistungen (s. Abschn. 4.2.1).

Also haben schon die Verfasser der DIN 18 300 mit der Möglichkeit einer solchen Überraschung gerechnet, die den Unternehmer im Fall Sandlinse getroffen hat.

Für den Fall Straßensperrung[213] bestimmt die Ordnungszahl 0.2.3 der DIN 18 300 Ausgabe 1988, daß die Leistungsbeschreibung Art und Zustand

---
211 Ingenstau/Korbion, Rdn. 120 zu § 2 VOB/B.
212 LG Köln vom 16.11.1982, Schäfer/Finnern/Hochstein, Nr. 2 zu § 6 Nr. 6 VOB/B; vgl. oben II, 3, b, cc.
213 OLG Düsseldorf vom 9.5.1990, BauR 1991, 337; vgl. oben II, 4, c.

der Förderwege, gegebenenfalls Einschränkungen, anzugeben hat. In dem Katalog der Nebenleistungen/Besonderen Leistungen erscheint der Fall der Straßensperrung nicht. Er ist aber vergleichbar mit der Ordnungszahl 3.1.5, nach der der Auftraggeber über unvermutete Hindernisse unverzüglich zu unterrichten ist und die zu treffenden Maßnahmen Besondere Leistungen sind. Auf die gleiche Weise könnte der Fall Deponiesperrung[214] behandelt werden.

Zur Lösung des Falls Schlammsohle Kanalisationsgraben[215] wäre die Ordnungszahl 4.2.8 der DIN 18 300 zu prüfen gewesen. Sie lautet:

Besondere Leistungen sind
Besondere Maßnahmen zur Behandlung von Böden der Klasse 2 – fließende Bodenarten –, z.B. Sprengen, Spülen, Anlegen von Gräben, Einbauen von Spundwänden.

Da in jenem Fall der Einbau von Spundwänden im Leistungsverzeichnis besonders erwähnt war, schied diese Maßnahme als Besondere Leistung aus.

Den drei Entscheidungen Wasserhaltung[216] lag die VOB zugrunde. Damit galt auch die DIN 18 305, Wasserhaltungsarbeiten. Für den Fall, daß die nach der Leistungsbeschreibung zu kalkulierenden Maßnahmen für eine erfolgreiche Wasserhaltung sich als nicht ausreichend erweisen, bestimmt die Ordnungszahl 3.1.2 der DIN 18 305:

Boden- und Wasserverhältnisse, die von den Angaben in der Leistungsbeschreibung abweichen, sind dem Auftraggeber unverzüglich mitzuteilen. Die zu treffenden Maßnahmen sind Besondere Leistungen (s. Abschn. 4.2.1).

Diese Bestimmung hätte in die Entscheidungsgründe einbezogen werden sollen.

Für den Komplex Baugrundrisiken fällt auf, daß die Anerkennung als Besondere Leistung von einer vorherigen Abstimmung mit dem Auftraggeber abhängig ist. Dies erklärt, daß die Regelungen in Abschnitt 3 (Ausführung) enthalten sind und erst das Ergebnis der Abstimmung zu einer Besonderen

---

214 BGH vom 1.10.1991, ZfBR 1992, 31; vgl. oben II, 4, d.
215 OLG Hamm vom 17.12.1993, NJW-RR 1994, 406; vgl. oben II, 5, c.
216 BGH vom 25.2.1988, BauR 1988, 338 = Schäfer/Finnern/Hochstein, Nr. 1 zu § 9 VOB/A (1973) = ZfBR 1988, 182 = NJW-RR 1988, 785; BGH vom 9.4.1992, BauR 1992, 759 = ZfBR 1992, 211 = NJW 1992, 2823 = NJW-RR 1992, 1046; BGH vom 11.11.1993, NJW 1994, 850 = ZfBR 1994, 115 = BauR 1994, 236; vgl. oben II, 3, a.

Leistung gemäß Abschnitt 4.2.1 führt. Der Grund ist plausibel. Die mit dem Baugrund verbundenen Risiken sind von besonderem Gewicht, gibt es doch Fälle — hier sei nur an das Urteil Wassergehalt Felszerkleinerung des BGH vom 20.3.1969[217] erinnert — in denen sich die Kosten verdoppeln. Für die Entstehung derart gravierender Mehrkosten will die VOB/C die Mitsprache des Auftraggebers sicherstellen.

c) Die Merkmale der Besonderen Leistungen

Die Besonderen Leistungen der VOB/C erweisen sich als eine Auflistung von zusätzlichen Maßnahmen, die zur Herstellung der baulichen Anlage notwendig werden können. Das herzustellende Werk selbst lassen sie unberührt. Mit welchen Baustellenbedingungen der Unternehmer sich abfinden mußte, wie die Zusammenarbeit mit den anderen am Bau Beteiligten geklappt hat oder ob er unerwartete Boden- oder Grundwasserprobleme hat überwinden müssen, ist dem fertigen Bauwerk nicht anzusehen. Die Besonderen Leistungen erhöhen also ebensowenig wie die zuvor behandelten notwendigen Abweichungen von der Leistungsbeschreibung in irgendeiner Weise den Nutzwert des hergestellten Bauwerks. Sie betreffen allein die Leistungsausführung, also den Weg zur Herstellung des Bauwerks, nicht das Werk selbst.

Es stellt sich daher die Frage, ob man nicht besser von Besonderen Aufwendungen statt von Besonderen Leistungen sprechen sollte. Will man der Erfolgsbezogenheit des werkvertraglichen Leistungsbegriffs treu bleiben, sucht man bei den Besonderen Leistungen der VOB/C vergeblich nach einem besonderen Leistungserfolg. Sie beinhalten in Wahrheit als besonders bezeichnete Aufwendungen, die notwendig werden, soll der Leistungserfolg nicht verfehlt werden.

Zum Teil beziehen sich die Besonderen Leistungen auf eine vertragliche Basis, zum Beispiel auf vereinbarte Maßnahmen für das Beseitigen von Grundwasser, auf zugrundegelegte Bodenverhältnisse, auf das Fehlen von Hinweisen, die nach den Nullziffern der VOB/C in der Leistungsbeschreibung zu erwarten sind. Überwiegend ergeben sich Besondere Leistungen jedoch aus einer von der VOB/C selbst gezogenen Aufwandsgrenze. Diese normiert bestimmte Rahmenbedingungen der Bauausführung hinsichtlich der Baustellenverhältnisse (abschließbare Räume, Gerüste, Wasser und Strom usw.), der zu erwartenden Mitwirkungen anderer am Bau Beteiligter (Leitungsschlitze) und der Wetterbedingungen. Innerhalb dieser Rahmenbedingungen sind alle Schwierigkeiten mit den vereinbarten Preisen abgegolten

---

217 Vgl. oben II, 3, b, aa.

(DIN 18 299 Ordnungszahl 4.1 i.V.m. § 2 Nr. 1 VOB/B). Soweit dagegen Maßnahmen zur Bewältigung von Schwierigkeiten notwendig werden, die außerhalb der von der VOB/C zugrundegelegten Rahmenbedingungen liegen, sind diese Besondere Leistungen.

Die VOB/C unterwirft diese Begrenzung des Aufwandsrisikos ausdrücklich der Disposition des Auftraggebers: alle Besonderen Leistungen können dadurch in die vereinbarte Vergütung einbezogen werden, daß sie in der Leistungsbeschreibung erwähnt werden (Ordnungszahl 4.2 der DIN 18 299). Ist die Leistungsbeschreibung erschöpfend, können kaum Besondere Leistungen anfallen.[218]

Der Auftraggeber hat es also in der Hand, die Unsicherheit, ob er durch Besondere Leistungen überrascht wird, dadurch zu beseitigen, daß er die Maßnahmen in das Leistungsverzeichnis aufnimmt. Er muß sie allerdings besonders erwähnen, also einzeln benennen. Eine Generalklausel mit dem Inhalt, alle Besonderen Leistungen seien Nebenleistungen, kann im Hinblick auf § 9 AGBG nicht mit der Anerkennung der Gerichte rechnen.[219] So ist es bereits für unwirksam erklärt worden, das Herstellen und Schließen aller Aussparungen und Schlitze nach Angaben des Bauleiters[220] oder Schutzmaßnahmen des Dachdeckers zur Sicherung der Arbeitsplätze wie Seitenschutz, Anseilen etc.[221] zu Nebenleistungen zu erklären. Zur Begründung wird darauf hingewiesen, daß bei einem so beschriebenen Leistungsumfang der Aufwand nicht zu kalkulieren sei.

Weiteres Merkmal der Besonderen Leistungen ist ihre Unausweichlichkeit, soll das Bauvorhaben nicht aufgegeben werden. Den Vertragsparteien fehlt damit die Dispositionsfreiheit. Der Unternehmer kann nicht anders, als die unter die Besondere Leistung fallende Maßnahme zu ergreifen, will er das ihm in Auftrag gegebene Werk vollenden. Auch der Auftraggeber kann der Besonderen Leistung nicht widersprechen, will er nicht auf das gesamte Bauwerk verzichten.

Soweit die VOB/C die Abstimmung mit dem Auftraggeber vorsieht, insbesondere bei den Baugrund- und Grundwasserverhältnissen, kann diese Abstimmung daher nur als eine hinsichtlich der technisch zweckmäßigen Lösung verstanden werden. Es kann bei dieser Abstimmung nicht um das Ob, sondern nur um die Art und Weise der zu ergreifenden Maßnahmen gehen.

---

218 Vgl. zu dem Postulat sorgfältiger Leistungsbeschreibung Festge in BauR 1974, 363 ff. u. Mandelkow, BauR 1996, 31 ff.
219 So auch Kapellmann/Schiffers, Bd. 1, Einheitspreisvertrag, Rdn. 124.
220 OLG München vom 15.1.1987, BauR 1987, 554, 556.
221 LG München vom 5.8.1992; Baurechtsreport 10/92.

d) Die Einwirkungen der Abschnitte 4 auf den Vertragsinhalt

Die Abschnitte 4 der VOB/C befassen sich mit dem Umfang der vertraglichen Leistung im Sinne des § 2 Nr. 1 VOB/B. Das drückt die Ordnungszahl 4.1 der DIN 18 299 durch ihren in Klammern hinzugefügten erläuternden Hinweis auf diese Bestimmung aus. Die Vergütungsregelung des § 2 Nr. 1 VOB/B baut, wie oben bereits dargelegt ist,[222] auf der Leistungsbeschreibung gemäß § 9 VOB/A auf und bezieht damit die Vergütungsvereinbarung auf den aus der Leistungsbeschreibung ersichtlichen Aufwand. Auf dieser Grundregel aufbauend liefern die Abschnitte 4 der VOB/C Auslegungshilfen für den Umfang des abgegoltenen Aufwandes. Soweit die Leistungsbeschreibung im Einzelfall schweigt, gelten die unter den Ordnungszahlen 4.1 aufgelisteten Nebenleistungen als mit der Vergütung abgegolten, die unter den Ordnungszahlen 4.2 aufgelisteten Besonderen Leistungen dagegen nicht. Die VOB/C betont aber den Vorrang der Leistungsbeschreibung, indem sie in der Ordnungszahl 4.2 der DIN 18 299 noch einmal ausdrücklich betont, daß die Besonderen Leistungen nur dann als solche einzuordnen sind, wenn sie in der Leistungsbeschreibung nicht besonders erwähnt sind. Die rechtliche Bedeutung der Abschnitte 4 ist in erster Linie die einer Auslegungshilfe zur Bestimmung des mit der vereinbarten Vergütung abgegoltenen Leistungsumfangs. Weick spricht von einer wichtigen Entlastungsfunktion für die Leistungsbeschreibung.[223]

Die Abschnitte 4 enthalten die weitere Aussage, daß die Besonderen Leistungen im Sinne der Ordnungszahlen 4.2 von der vertraglichen Vergütung nicht abgegolten sind. Dies steht zwar nicht wörtlich in der Ordnungszahl 4.2 der DIN 18 299. Wenn es dort aber heißt, daß die Besonderen Leistungen nicht zur vertraglichen Leistung gehören, dann ergibt die Verbindung zur Ordnungszahl 4.1 der DIN 18 299, auf die 4.2 verweist, daß die vertragliche Leistung in dem Sinne gemeint ist, welcher Leistungsumfang durch die vereinbarten Preise abgegolten ist. Auf diese verneinende Aussage beschränkt sich die VOB/C. Sie bestätigt damit nur, was sich bereits aus der Grundregelung des § 2 Nr. 1 VOB/B und der in ihr enthaltenen Aufwandsbezogenheit der Vergütung ergibt. Auf die Frage, auf welcher Rechtsgrundlage und nach welchen Regeln die Besonderen Leistungen zu vergüten sind, gibt die VOB/C keine Antwort. Korbion drückt sich demgemäß vorsichtig aus, wenn er meint, es sei „im Zweifel der Umkehrschluß gerechtfertigt", daß die in den ATV nicht als Nebenleistungen genannten Arbeiten als zusätzliche oder veränderte Leistungen nach § 2 Nr. 5 oder § 2 Nr. 6 VOB/B zu gelten hätten, die „einer besonderen Vergütung zugänglich" seien.[224]

---

222 Vgl. oben V, 1.
223 Nicklisch/Weick, § 2 Rdn. 21.
224 Ingenstau/Korbion, B § 2 Rdn. 132.

Die wesentliche Funktion der Abschnitte 4 besteht also in den Auslegungsregeln. Darin liegt aber durchaus eine nicht unerhebliche vertragsgestaltende Bedeutung, da der mit dem Bauwesen nicht vertraute Verbraucher kaum damit rechnen wird, daß zum Beispiel das Betonieren bei Temperaturen unter +5 °C und über +30 °C zu einer im Vertrag ursprünglich nicht vorgesehenen Mehrvergütung führen kann. Die Frage nach der Vereinbarkeit mit dem AGB-Gesetz muß daher gestellt werden.

e) Die VOB/C und das AGB-Gesetz

Zur Frage, ob die VOB/C in gleicher Weise wie die VOB/B den Bestimmungen des AGB-Gesetzes unterworfen ist, wird unterschiedlich beantwortet. Ausschließlich als Wiedergabe der gewerblichen Verkehrssitte und damit dem AGB-Gesetz nicht unterworfen sehen Werner/Pastor[225] und Kleine-Möller[226] die VOB/C und kommen auf diese Weise zu dem Ergebnis, daß sie ohne Einschränkung nicht nur über § 1 Nr. 1 S. 2 VOB/B Bestandteil der VOB-Bauverträge, sondern auch kraft gewerblicher Verkehrssitte für den BGB-Werkvertrag gültig seien. Die gegenteilige Ansicht, die VOB/C vollen Umfangs in gleicher Weise wie die VOB/B dem AGB-Gesetz zu unterwerfen, wird vertreten von Weick, der meint, die ganze VOB/C, auch die Qualitäts- und Ausführungsbestimmungen der Abschnitte 2 und 3, konkretisierten die Verpflichtung der Vertragsparteien und gestalteten so den Inhalt des Vertrages.[227] In gleicher Weise sieht Kaiser die VOB/C vollen Umfangs als allgemeine Geschäftsbedingungen im Sinne des AGB-Gesetzes. Für die Einbeziehung in den Vertrag müßten daher die Voraussetzungen des § 2 AGB-Gesetz erfüllt sein.[228]

Eine differenzierende Meinung vertreten Mantscheff und Kapellmann, der zwischen Vergütungsfragen und die Mangelfreiheit des Werkes betreffenden technischen Regeln unterscheidet. Er kommt zu dem Ergebnis, daß in den Abschnitten 4 der VOB/C eine in die Vertragspflichten eingreifende Norm enthalten sei, und insoweit unterlägen wie die VOB/B selbst die Abschnitte 4 der VOB/C dem Gültigkeitsmaßstab des AGB-Gesetzes.[229] Die Privilegierung der VOB/B in Anknüpfung an die Rechtsprechung des BGH lasse sich allerdings nicht auf die VOB/C übertragen. Die Materialien zum AGB-Gesetz enthielten keinen Anhaltspunkt dafür, daß der Gesetzgeber die Pro-

---

225 Werner/Pastor, Der Bauprozeß, Rdn. 996.
226 Kleine-Möller/Merl/Oelmaier, § 9 Rdn. 41.
227 Nicklisch/Weick, § 1 Rdn. 12 a.
228 Kaiser, ZfBR 1985, 1 f.; derselbe in Mängelhaftungsrecht, Rdn. 12a.
229 Kapellmann/Schiffers, Bd. 1, Einheitspreisvertrag, Rdn. 123; Mantscheff in FS Korbion S. 295 ff., 299.

blematik der VOB/C gesehen habe.[230] Hensen will nur die Abschnitte 5 (Abrechnung) den Regelungen des AGB-Gesetzes unterwerfen, die Abschnitte 4 dagegen nicht als Allgemeine Geschäftsbedingungen ansehen?[231]

Hinsichtlich der für das Thema dieser Schrift vorrangig bedeutsamen Abschnitte 4 läßt sich kaum bestreiten, daß sie für den im Bauwesen unerfahrenen Bauherrn Einschränkungen des von der Vergütung abgegoltenen Leistungsumfanges enthalten, mit denen er nicht rechnet. Man muß die Überraschung von Bauherren erlebt haben, die mit Mehrkosten für verlängerte Gerüstvorhaltung oder für Regenwasserbeseitigung bei der Flachdacheindeckung konfrontiert worden sind. Diese Einschränkungen des durch die Vergütung abgegoltenen Leistungsumfangs prägen den Inhalt des Vertrages. Es ist daher unerläßlich, die Abschnitte 4 der VOB/C den Bestimmungen des AGB-Gesetzes in gleicher Weise zu unterwerfen wie die VOB/B. Dies hat zur Folge, daß der Text der jeweiligen Gewerke-DIN zusammen mit dem Text der VOB/B von dem fachkundigen Bauunternehmer dem unkundigen Bauherrn ausgehändigt werden muß.

Inhaltliche Bedenken gegen die in der Abgrenzung der Nebenleistungen von den Besonderen Leistungen liegende Ergänzung der Leistungsbeschreibung dürften aus den gleichen Gründen entfallen wie bei der Beurteilung der VOB/B.[232] Die VOB/C wird von dem gleichen Verdingungsausschuß, der auch die VOB/B bearbeitet, laufend weiterentwickelt. Wie oben bereits festgestellt, sind in diesem Ausschuß sowohl die Auftraggeber- wie auch die Auftragnehmerseite vertreten.[233] Weiterhin ist an die Vereinbarkeit mit der EG-Richtlinie über mißbräuchliche Klauseln in Verbraucherverträgen zu denken. Die von Kutschker[234] festgestellte Vereinbarkeit der VOB/B mit dieser Richtlinie muß nicht für die Abschnitte 4 der VOB/C gelten. Europaweit sind die Regeln nicht einheitlich. Es sei nur auf die britische Rechtsprechung verwiesen, die das Baugrundrisiko als Unternehmerrisiko behandelt.[235]

---

230 Kapellmann/Schiffers, Bd. 1, Einheitspreisvertrag, Rdn. 123.
231 Ulmer/Brandner/Hensen, Anh. §§ 9 bis 11, Rdn. 901.
232 Im Ergebnis so auch Kaiser, ZfBR 1985, 1 f.; ders. in Mängelhaftungsrecht Rdn. 12a.
233 S. oben II am Anfang.
234 Kutschker, BauR 1994, 417 ff.
235 Wiegand, ZfBR 1990, Ziff. 7.

3 Die aufrechterhaltene Erfolgsbezogenheit der Leistung

Nachdem festgestellt ist, daß bei Leistungsbeschreibungen mit Aufwandsangaben die Vergütung auf den Aufwand und nicht auf den Erfolg bezogen ist und diese Aufwandsbezogenheit durch das Regelwerk der VOB/C untermauert wird, stellt sich die Frage der Leistungspflicht hinsichtlich des von der Vergütungsvereinbarung nicht abgedeckten Mehraufwandes, wenn dieser zur Erreichung des Leistungserfolges unerläßlich ist.

Drei der Entscheidungen aus der Rechtsprechungsübersicht leiten aus der vorgegebenen Art und Weise der Ausführung die entsprechende Einschränkung der vertraglichen Leistungspflicht ab. So haben der BGH in seinem Urteil Wassergehalt Baugrund Straße vom 23.3.1972,[236] das OLG Düsseldorf in seiner Entscheidung Rinnsteinangleichung vom 14.11.1991[237] und abermals das OLG Düsseldorf in seiner Entscheidung Fundamentverstärkung vom 17.5.1991[238] den Mehraufwand als auftraglos bezeichnet, mithin eine vertragliche Leistungspflicht verneint.

Die drei Entscheidungen finden Zustimmung in der Literatur. So gibt Vygen für den BGB-Werkvertrag der Einhaltung des vereinbarten Aufwandes den Vorrang, wenn er sagt, daß bei ausgeschriebenem Aushub leichten Felses der Aushub schweren Felses nur über eine Vertragsänderung verlangt werden könne.[239] Nur für den VOB-Vertrag hält er eine Änderungsvereinbarung für entbehrlich, weil er die Abweichung der tatsächlichen von den beschriebenen Boden- und Wasserverhältnissen als eine Änderung des Bauentwurfs einstuft, die auch ohne besondere Erklärung des Auftraggebers zu einer Vergütungsänderung nach § 2 Nr. 5 VOB/B führe.[240] Englert hat dieser Ausnahme für den VOB-Vertrag widersprochen.[241] Für ihn hat die Einhaltung der in der Leistungsbeschreibung enthaltenen Aufwandsbegrenzung Vorrang. Der Auftraggeber habe in der Regel ein Interesse daran, über Mehrkosten selbst zu entscheiden.[242] Notfalls müsse der Unternehmer die Bauarbeiten so lange einstellen, bis die Entscheidung des Auftraggebers über den weiteren Baufortgang vorliege.[243]

---

236 Vgl. oben II, 3, b, aa.
237 Vgl. oben II, 1, b.
238 Vgl. oben II, 2, b.
239 Vygen/Schubert/Lang, Rdn. 166.
240 Vygen/Schubert/Lang, Rdn. 168.
241 Englert/Grauvogl/Maurer, Rdn. 254.
242 Englert/Grauvogl/Maurer, Rdn. 250.
243 Englert/Grauvogl/Maurer, Rdn. 256.

Auch Nicklisch hält eine Änderungsvereinbarung für unentbehrlich. Dies gelte selbst dann, wenn aufgrund unvorhersehbarer Hindernisse aus dem Verantwortungsbereich des Auftraggebers eine der eingetretenen negativen Veränderung der Randbedingungen angepaßte Projektdurchführung erforderlich sei, die Bewältigung solcher Hindernisse aber über die vertragliche Leistungspflicht des Auftraggebers hinausgehe.[244]

Auch Peters will den Unternehmer erst durch eine gesonderte Anordnung des Bestellers zur Überwindung der Erschwernisse verpflichtet sehen.[245]

Hundertmark will den Konflikt zwischen werkvertraglicher Erfolgshaftung einerseits und vertraglichen Vorgaben in der Leistungsbeschreibung andererseits dadurch lösen, daß er die Erfolgshaftung als durch die Festlegungen im Leistungsverzeichnis eingeschränkt sieht.[246] Wie das praktisch aussehen soll, sagt er allerdings nicht. Für den Fall Kellerabdichtung des BGH, den er heranzieht, würde das zur Konsequenz haben, daß mit dem mangelhaft nur gegen Erdfeuchte abgedichteten Keller der Unternehmer seine Erfolgshaftung erfüllt hätte. Das wäre mit der Pflicht zur mangelfreien Werkherstellung aber nicht vereinbar.

Auch Kapellmann, der die Leistungspflicht „Bau-Soll" nennt, versteht unter ihr nicht nur den bloßen Bauerfolg, sondern auch die durch den Bauvertrag definierte Art und Weise, wie dieses Bauziel erreicht werden soll, also in einer bestimmten Zeit, unter bestimmten im Leistungsverzeichnis definierten Verhältnissen (z.B. Baugrundverhältnissen) durch einen bestimmten, mit bestimmter Fachkunde ausgestatteten Unternehmer.[247] Der Unternehmer habe nur das als Bau-Soll zu errichten, was detailliert beschrieben sei. Was fehle, sei auch nicht Bau-Soll.[248] Für ihn ergeben sich Zweifel hinsichtlich des Umfangs der Leistungspflicht lediglich bei der sogenannten Komplettheitsklausel. Entweder bleibe es dabei, daß nur das innerhalb des detailliert genannten Umfanges Geregelte zu liefern sei, dann würde die Komplettheitsklausel leerlaufen, oder die Komplettheitsklausel ziehe, dann sei die Aussage falsch, im Falle eines detaillierten Leistungsverzeichnisses sei nur dessen Inhalt zu liefern. Dieser Widerspruch müsse aufgelöst werde.[249] Wie die geforderte Auflösung aussieht, sagt Kapellmann allerdings nicht.

Diese Sichtweise führt dazu, daß in all den Fällen, in denen der beschriebene Aufwand nicht ausreicht, ohne Mehraufwand das Werk also nicht herstellbar

---

244 Nicklisch/Weick, Einleitung §§ 4 bis 13 VOB/B, Rdn. 43.
245 Staudinger/Peters, § 632 Rdn. 77.
246 Hundertmark, BBauBl 1985, 130 f.
247 Kapellmann/Schiffers, Bd. 1, Einheitspreisvertrag, Rdn. 100 a.E.
248 Kapellmann/Schiffers, Bd. 2, Pauschalvertrag, Rdn. 468.
249 Kapellmann/Schiffers, Bd. 2, Pauschalvertrag, Rdn. 469.

wäre, die Erfolgsbezogenheit der Werkleistung aufgehoben wäre. Eine solche Auslegung hätte zur Konsequenz, daß die Herstellungspflicht nur unter der auflösenden Bedingung vereinbart wäre, daß der vorgesehene Aufwand ausreicht. Der Boden wäre dann zum Beispiel nur auszuheben, wenn die angegebene Bodenart auch tatsächlich angetroffen würde. Weicht er dagegen von der Beschreibung ab, müßte der Unternehmer ihn liegenlassen. Die Erfolgshaftung würde in diesen Fällen wegfallen, weil anders der geplante Aufwand nicht einzuhalten wäre. Die werkvertragliche Leistungspflicht würde sich auf einen bestimmten Aufwand ohne Erfolgsgarantie reduzieren. Dem Vertrag würden damit dienstvertragliche Züge gegeben.[250]

Der Bauherr würde in Fällen dieser Art seinen Herstellungsanspruch in Frage stellen, denn er hat die nicht einzuhaltenden Aufwandsangaben in seine Leistungsbeschreibung aufgenommen. Entspricht eine derartige Abhängigkeit des Herstellungsanspruchs seinen Interessen? Er hat sein Vorhaben, egal, ob privater oder öffentlicher Bauherr, in der Regel über einen langen Zeitraum geplant, das Baugrundstück gesucht, Kosten und Nutzen berechnet, sich die Finanzierung bei der Bank beschafft. Er hat auch vor Baubeginn bereits die spätere Nutzung festgelegt und im Idealfall vielleicht schon einen langfristigen Mietvertrag abgeschlossen. Ein öffentlicher Auftraggeber hat das Planfeststellungsverfahren durchgeführt und die Bewilligung der Haushaltsmittel durchgesetzt. Jedenfalls hat ein langes und kostspieliges Vorbereitungsverfahren stattgefunden, im Vergleich zu dem die eigentliche Durchführung des Bauvorhabens nicht selten der geringere Teil ist. Will der Bauherr, daß bei dieser Vorbereitung über seinem Bauvorhaben das Damoklesschwert der auflösenden Bedingung des nicht einzuhaltenden Aufwandes schwebt? Von Craushaar stellt daher zu Recht fest, der Unternehmer würde sich einer Vertragsverletzung schuldig machen, wenn er im Hinblick auf die angetroffene andere Bodenklasse den Aushub verweigerte.[251]

Auf der anderen Seite hat der Bauherr seine Kostengrenze. Soll er eine höhere Vergütung akzeptieren, muß er die Kostengrenze überschreiten. Das wird Finanzierungsprobleme bringen. Können diese aber schwerer wiegen als die Folgen, die eine Aufgabe des Bauvorhabens nach sich ziehen würde? Im Normalfall lassen die vielen Verflechtungen, in die das Bauvorhaben eingebunden ist, dem Bauherrn keine andere Wahl, als sein Vorhaben durchzuziehen, selbst wenn es teurer wird. Aus seiner Interessenlage soll die Herstellungspflicht vorrangiger Leistungsinhalt bleiben, die Aufwandsbezogenheit der Vergütung soll die Erfolgsbezogenheit der Leistung nicht in Frage stellen.

---

250 Vgl. Nicklisch in FS Bosch, 731 ff., 739.
251 v. Craushaar, BauR 1984, 311 ff., 318.

Auch Früh kommt zu dem Ergebnis, daß man eine Pflicht zur mangelfreien Herstellung des Werkerfolges wenigstens im Rahmen der Nachbesserung bejahen müsse.[252] Die Einschränkung auf die Mängelbeseitigung kann fallengelassen werden. Die Leistungspflicht im Rahmen der Mängelbeseitigung ist keine andere als die vor der Abnahme.[253] Auch der Mängelbeseitigungsanspruch ist der Erfüllungsanspruch, er ist gerichtet auf die Vollendung der Leistung.[254]

Das Primat des Leistungserfolges vor der Einhaltung des Kostenrahmens findet Bestätigung in etlichen Urteilen. In dem Urteil Kellerabdichtung I hat der BGH die Verpflichtung des Unternehmers betont, den Leistungserfolg (einen nachhaltig trockenen Keller) herbeizuführen, ungeachtet der damit verbundenen zusätzlichen Vergütungsschuld des Auftraggebers für die Abdichtung gegen drückendes Wasser. Im Fall Parkplatzpflasterung[255] hat der BGH ebenfalls die Pflicht des Unternehmers festgestellt, im Wege der Gewährleistung für die Verstärkung der Sandfilterschicht zu sorgen und ihm dafür gleichzeitig eine Zusatzvergütung zugesprochen. Ebenso hat das OLG Hamm in seinem Fall Dachsanierung[256] die Pflicht des Auftragnehmers festgestellt, die aufwendigere Art der Dachsanierung durchzuführen und ihm ebenfalls gleichzeitig eine Zusatzvergütung in Höhe von rund DM 2 Mio. zugesprochen. Auch hier steht die Tatsache, daß die Fälle in der Gewährleistungsphase spielen, der Maßgeblichkeit der Entscheidungsgründe nicht entgegen. Die Mängelbeseitigung dient ebenso wie die ursprüngliche Herstellung der Schaffung des vertragsgemäßen Bauwerks.

Über die Art und Weise der notwendigen Zusatzmaßnahmen bestand in den vier Fällen kein Zweifel. Die Parteien waren sich einig über die Notwendigkeit der Abdichtung gegen drückendes Wasser, der neuen Wärmeschutzfassade, der Verstärkung der Kiesfilterschicht und der nachhaltigen Dachsanierung. Der Auftraggeber hatte diese Maßnahmen als Mängelbeseitigung im Rahmen der Gewährleistungspflicht gefordert. Der Unternehmer hatte sie von der technischen Seite her nicht als unangemessen zurückgewiesen, sich lediglich gegen die Übernahme der vollen Kosten zur Wehr gesetzt. Hinsichtlich der technischen Bewertung bestand zwischen den Parteien Einigkeit. Streitig war nur die Verteilung der Kosten.

Die genannten Entscheidungen befaßten sich mit Fällen, in denen die Mehrleistung nachträglich im Wege der Mängelbeseitigung notwendig wurde.

---

252 Früh in „Die Sowiesokosten", 40.
253 Groß, FS Korbion, 123 f., 132.
254 Vgl. Janisch, Haftung für Baumängel und Vorteilsausgleich, 75 und Ermann/Seiler, § 633, Rdn. 27.
255 BGH vom 23.9.1976, BauR 1976, 430; vgl. oben IV, 5.
256 OLG Hamm vom 14.11.1989, BauR 1991, 756; vgl. oben I.

Die Auswirkungen der Angaben zum Aufwand auf die vertraglichen Rechte und Pflichten

Wie stellen sich die Rechte und Pflichten in der Ausführungsphase dar, wenn der Unternehmer sich vor die Notwendigkeit einer Zusatzmaßnahme gestellt sieht? Die Situation ähnelt derjenigen, in der er bei Einhaltung der Baupläne einen Mangel befürchten muß. Zieht man wiederum die Parallele[257] zu der in § 4 Nr. 3 VOB/B festgelegten Hinweispflicht auf etwaige Bedenken gegen die vorgesehene Art der Ausführung, wäre in entsprechender Weise der Unternehmer verpflichtet, seinen Auftraggeber von der Nichteinhaltbarkeit des nach der Leistungsbeschreibung vorgesehenen Aufwandes zu informieren. Ergänzend sind die in der VOB/C in den Abschnitten 3 aufgeführten speziellen Abstimmungspflichten beispielsweise bei veränderten Boden- oder Grundwasserverhältnissen heranzuziehen. Die Herstellungspflicht des Unternehmers schließt also diese Abstimmungspflichten ein. Ihre Notwendigkeit zeigt das von Englert gebildete Beispiel,[258] daß bei Antreffen schweren statt leichten Felses der Auftraggeber sich wegen der anfallenden Mehrkosten entschließt, eine Flachgründung zu wählen und sich damit die Kosten des Tiefaushubes schweren Felses zu ersparen.

Indem die Parteien in technischer Hinsicht auf diese Weise die verlorengegangene Übereinstimmung zwischen Aufwand und Leistung wiederhergestellt haben, haben sie noch nicht die rechtliche Übereinstimmung gefunden, nämlich die Regelung der Kosten. Sie haben einen Vertrag mit einer auf einen bestimmten Aufwand begrenzten Vergütung und einer Leistungspflicht, die einen darüber hinausgehenden Aufwand, so er für die erfolgreiche Herstellung notwendig ist, einschließt. Wie ist die verlorengegangene Übereinstimmung zwischen Vergütung und Leistung wieder herzustellen?

Früh spricht von dem Ungleichgewicht zwischen Vergütungs- und Herstellungsseite, das dadurch zu beseitigen sei, daß die Mehrkosten der aufwendigeren Ausführungsart als Sowieso-Kosten dem Besteller aufzuerlegen seien.[259] Janisch sieht ein Spannungsverhältnis zwischen den Angaben des Bestellers im Leistungsverzeichnis und der gleichzeitigen Erfolgshaftung des Auftragnehmers.[260] Die Frage ist, nach welchen Regeln dieses Spannungsverhältnis zu lösen, der Kostenausgleich zu vollziehen ist. Die Zahlungsschuld des Auftraggebers soll sich erhöhen, ohne daß er nach seinem Einverständnis gefragt ist.

---

257 Vgl. oben IV, 5.
258 Englert/Grauvogel/Maurer, Rdn. 255.
259 Früh in „Die Sowieso-Kosten", 40 f.
260 Janisch, Haftung für Baumängel und Vorteilsausgleich, 32.

4 Ergebnis

Für die in der Einleitung dargestellten Partner des Vertrages über die Dachsanierung ergibt sich eine Zweiseitigkeit des Vertragsinhaltes. Die vereinbarte Vergütung ist am vorgesehenen Aufwand bemessen, also an den vorgesehenen zwei Lagen. Dabei wird unterstellt, daß der Vertrag in diesem Sinne auszulegen ist. Die Leistungspflicht des Unternehmers bemißt sich dagegen am vertraglich vorgesehenen Erfolg. Das ist die nachhaltige Dachsanierung. Auf die aktuelle Frage, was er tun solle, kann dem Unternehmer also geantwortet werden, daß er die teurere Sanierungsweise ausführen muß. Dieser Leistungspflicht steht nicht entgegen, daß der Auftraggeber sich gegen die Zusatzvergütung sträubt. Die Pflicht zur Ausführung der teureren Version ist in der in dem ursprünglichen Vertrag enthaltenen Erfolgspflicht begründet. Sie hat so lange Bestand, wie nicht der Auftraggeber durch die Anordnung einer Leistungsänderung oder durch Kündigung des Vertrages die Erfolgspflicht aufgehoben hat.

Die Vergütung der mit der teureren Lösung verbundenen Mehrkosten ist die offengebliebene Frage. Entsteht der Anspruch trotz des Widerspruchs des Auftraggebers? Welches ist die Rechtsgrundlage des Zusatzvergütungsanspruchs, wenn es an einer die Zahlungspflicht akzeptierenden Willenserklärung des Auftraggebers fehlt? Die Antwort soll im folgenden Abschnitt gesucht werden.

VI Die Vergütung des Mehraufwandes

Die Regeln für die Vergütung des Mehraufwandes sollen sowohl nach den Bestimmungen des BGB wie denen der VOB erarbeitet werden. Entsprechend dem Gewicht der VOB wird mit ihr begonnen. Ausgangspunkt der Überlegungen sind abermals die in den zitierten Urteilen gewählten Lösungen.

Janisch meint zwar, ausgehend von der von ihm angenommenen Endgültigkeit der Vergütungsvereinbarung, daß der Mehraufwand, von ihm in der Form der „Sowieso-Kosten" im Zuge der Mängelbeseitigung geprüft, auf der Grundlage der vereinbarten Vergütungsart nachberechnet werden könne.[261] Dabei muß er Wertsteigerungen der Bauleistung voraussetzen, die mit der veränderten Ausführungsweise verbunden seien.[262] Dabei berücksichtigt Janisch aber nicht, daß, selbst wenn im einen oder anderen Fall rein technisch gesehen die geänderte Ausführungsweise im Vergleich zur ursprünglichen höherwertiger sein mag, eine wirtschaftliche Wertsteigerung in der Regel nicht mit der geänderten technischen Ausführung verbunden ist. Er weicht damit dem Problem aus, daß dem Bauherrn für eine Leistung, die ihm keinen Vorteil bringt, mehr zahlen soll als vertraglich vorgesehen. Dabei spielt die Art der Vergütungsvereinbarung keine Rolle. Auch beim Einheitspreisvertrag kann sich ergeben, daß der Mehraufwand über die Abrechnung nach Aufmaß nicht ausgeglichen wird, wie die Entscheidung Tieferaushub Straße des OLG Düsseldorf vom 13.3.1990[263] gezeigt hat. Die ursprüngliche Vergütungsvereinbarung liefert, anders als von Janisch angenommen, keine Grundlage für die Vergütung des Mehraufwandes.

1 Vergütung für eine zusätzliche Leistung nach § 2 Nr. 6 VOB/B

a) Im Vertrag nicht vorgesehene Leistung und ihre Anforderung

Die Vorschrift des § 2 Nr. 6 VOB/B wird von der Rechtsprechung und der ihr folgenden Literatur vorrangig als Anspruchsgrundlage für die zusätzliche Vergütung des Mehraufwandes herangezogen.[264] So hat der BGH be-

---

261 Janisch, Haftung für Baumängel und Vorteilsausgleich, 61.
262 Janisch, Haftung für Baumängel und Vorteilsausgleich, 67.
263 Vgl. oben II, 2, d.
264 Früh, BauR 1992, 160 ff., 163.

reits in seinem Urteil Parkplatzpflasterung,[265] ausgehend von der Annahme, daß der Unternehmer im Rahmen seiner Gewährleistungspflicht zur Verstärkung der ursprünglich mit 30 cm vereinbarten Frostschutzschicht auf 80 cm verpflichtet war, festgestellt, daß er

> *eine nach den Einheitspreisen des Leistungsverzeichnisses zu ermittelnde Mehrvergütung („Sowiesokosten") beanspruchen (§ 2 Nr. 6 VOB/B)*

könne.

Auf dieses Urteil hat die Entscheidung Kellerabdichtung I vom 22.3.1984[266] zurückgegriffen und in ähnlicher Weise festgestellt, die Mehrkosten für die Abdichtung gegen drückendes Wasser seien

> *gemäß § 2 Nr. 6 Abs. 1 VOB/B gesondert zu vergüten.*

In gleicher Weise haben die Urteile Schwimmbadheizregister des BGH vom 15.5.1975, Kellerabdichtung II des OLG Düsseldorf vom 19.3.1991 und Tieferaushub Fernleitung des OLG Düsseldorf vom 30.11.1988 die Mehrvergütung auf der Basis des § 2 Nr. 6 VOB/B zugesprochen. Auch in der Entscheidung Rinnsteinangleichung hat das OLG Düsseldorf die Vorschrift des § 2 Nr. 6 VOB/B zur Grundlage seiner Entscheidung genommen, wenngleich in diesem Fall das Gericht den Anspruch verneint hat. Die Greifbarkeit des Mehr an Leistung mag die Heranziehung dieser Bestimmung naheliegen. Es muß aber gefragt werden, ob die Tatbestandsmerkmale des § 2 Nr. 6 VOB/B wirklich erfüllt sind.

Emmerich[267] stimmt dem Urteil Kellerabdichtung des BGH insoweit mit der Erwägung zu, bei ordnungsgemäßer Planung wären die zusätzlichen Kosten für den Besteller „sowieso" angefallen, weil dann die zusätzlichen Maßnahmen von vornherein eingeplant worden wären. Damit vertritt auch er einen Automatismus der Korrektur des Planungsfehlers, dem gegenüber die Weigerung des Bestellers, die Mehrkosten zu akzeptieren, wirkungslos bleibt. Rechtsgrundlage der Zusatzvergütung ist mithin nicht eine nach Vertragsschluß in Willensfreiheit getroffene Entscheidung des Bestellers, wie § 2 Nr. 6 VOB/B sie voraussetzt, sondern die notwendige Korrektur der Leistungsbeschreibung. Das ist nicht der Fall des § 2 Nr. 6 VOB/B.

---

265 BGH vom 23.9.1976, BauR 1976, 430, 432.
266 NJW 1984, 1676 = BauR 1984, 395 = BGHZ 90, 344 = ZfBR 1984, 173 = BB 1984, 1703 = Betrieb 1984, 1720; vgl. oben II, 1, c.
267 Emmerich, JuS 1984, 808.

Vergütung für eine zusätzliche Leistung nach § 2 Nr. 6 VOB/B

Zunächst spricht die Vorschrift von einer im Vertrag nicht vorgesehenen Leistung. Trifft das auf die hier zur Debatte stehenden Nachrüstungen zu? Wie zuvor festgestellt, gilt auch in Anbetracht einer an einen bestimmten Aufwand gebundenen Bemessung der Vergütung die Erfolgsbezogenheit der werkvertraglichen Leistungspflicht.[268] Das bedeutet, daß etwaige zu diesem Erfolg notwendige Nachrüstungen im Rahmen des Erforderlichen von Anfang an Inhalt der werkvertraglichen Leistungspflicht sind. Soweit die zusätzlichen Teile zu nichts anderem dienen, als dem vereinbarten Bauwerk oder Bauwerksteil zur fehlerfreien Vollendung zu verhelfen und dies der Vertragspflicht entspricht, kann kaum von einer im Vertrag nicht vorgesehenen Leistung gesprochen werden. Wenn sie bei der Beschreibung des Aufwandes nicht vorgesehen waren, so sind sie doch als Voraussetzung des vorgesehenen Leistungserfolges in der vereinbarten Leistung enthalten. Es geschieht nichts anderes als daß die vertraglich vorgesehene Leistung, nämlich das Bauwerk oder das Bauwerksteil, ordnungsgemäß vollendet wird. Das gilt für alle Beispiele der zusätzlich eingebauten Bauteile oder der Vergrößerung vorgesehener Bauteile, seien es die fünf zusätzlichen Heizregister, die Rinnsteinangleichung, die beiden Kellerabdichtungen, der zusätzliche Durchgangskühlschrank oder der Tieferaushub für die Fernleitung. Das Tatbestandsmerkmal der im Vertrag nicht vorgesehenen Leistung ist damit nicht erfüllt.

Als zweites setzt die Vorschrift voraus, daß der Auftraggeber die nicht vorgesehene Leistung fordert. Damit ist gemeint, daß er dies nach Vertragsschluß tut.[269]

Wie hier festgestellt, ist die Forderung hinsichtlich der Nachrüstungen aber bereits im ursprünglichen Auftrag enthalten, das Werk fehlerfrei herzustellen. Für eine nachträgliche Leistungsanforderung ist danach kein Raum. Sie kann allenfalls die Bedeutung einer Bestätigung oder Erinnerung an die bereits bestehende Leistungspflicht haben. Auch die zweite Voraussetzung des § 2 Nr. 6 VOB/B ist danach nicht erfüllt.

b) Leistung verstanden im Sinne von Aufwand

Wären die Tatbestandsmerkmale erfüllt, wenn der Begriff Leistung in ähnlicher Weise wie schon hinsichtlich des § 2 Nr. 1 VOB/B[270] festgestellt, im Sinne von Aufwand zu verstehen ist? Mit Blick auf die unverhofft notwendigen Nachrüstungen oder Volumenerweiterungen könnte man in der Tat von

---

268 Vgl. oben IV, 6.
269 Ingenstau/Korbion, § 2 Nr. 6 VOB/B, Rdn. 292.
270 Vgl. oben IV, 5.

einem im Vertrag nicht vorgesehenen Aufwand sprechen. Es muß mehr aufgewendet werden als vorgesehen, um die vereinbarte Leistung zu vollenden. Korbion erklärt unter Hinweis auf die Zwischenbühnen im Fall Sandlinse des LG Köln[271] eine zusätzliche Verfahrensleistung als Zusatzleistung im Sinne von § 2 Nr. 6 VOB/B.[272]

Der BGH spricht in seinem Urteil Wasserhaltung Weser vom 11.11.1993[273] davon, Formen der Wasserhaltung, mit denen nach der konkreten Sachlage keine Seite hätte rechnen müssen, seien möglicherweise in der beschriebenen Leistung nicht inbegriffen. Wenn der BGH diese dann als zusätzlich geschuldete Leistung bezeichnet, kann dies in der Tat nur in dem Sinne des zusätzlichen Aufwandes gemeint sein. Die Leistung Wasserhaltung als erfolgreiche Trockenlegung der Baugrube bleibt unverändert. In gleicher Weise hat in dem Fall Aushub abweichender Qualität, Urteil des Landgerichts Köln vom 8.5.1979,[274] der Unternehmer durch den Aushub des festen anstelle des ausgeschriebenen weichen Bodens nichts anderes getan, als das Bauwerk herzustellen. Die vom Unternehmer geforderte Mehrvergütung konnte sich auch in diesem Fall nur auf einen geänderten Aufwand stützen. Indem das Landgericht Köln diesen Anspruch nach § 2 Ziff. 6 VOB/B (52) zugesprochen hat, hat es ebenfalls den Begriff Leistung im Sinne von Aufwand verwendet. Gleiches gilt für sein späteres Urteil Sandlinse vom 16.11.1982.[275]

Auch für die Besonderen Leistungen der VOB/C, Abschnitte 4, nehmen die Kommentatoren einhellig an, daß ihre Vergütung nach § 2 Nr. 6 VOB/B zu erfolgen hat.[276] Dabei wird stillschweigend der Begriff Leistung für den Aufwand verwendet.

Von einem nicht vorgesehenen Aufwand kann man sicherlich sprechen, soweit er in der Leistungsbeschreibung anders dargestellt ist. Die Erwartung der beiden Vertragsparteien war, daß der beschriebene Aufwand zur Erreichung des Leistungserfolges ausreichen werde. Weitergehende Maßnahmen waren daher nicht vorgesehen. Deshalb sollten sie auch nicht in die Preise einkalkuliert werden. Hinsichtlich der Besonderen Leistungen der VOB/C kann man allerdings zweifeln, ob sie vertraglich nicht vorgesehen sind. Sie

---

271 Vgl. oben II, 3, b, cc.
272 Ingenstau/Korbion, § 2 Rdn. 291.
273 NJW 1994, 850 = ZfBR 1994, 115 = BauR 1994, 236; Schäfer/Finnern/Hochstein, Nr. 3 zu § 9 VOB/A (1973); vgl. oben II, 3, a, cc.
274 Schäfer/Finnern/Hochstein, Nr. 2 zu § 2 Ziff. 6 VOB/B (1952); vgl. oben II, 3, b, bb.
275 Schäfer/Finnern/Hochstein, Nr. 2 zu § 6 Nr. 6 VOB/B (1973); vgl. oben II, 3, b, cc.
276 Winkler/Rothe, S. XI u. 91; Franz pp., S. 134; Heiermann/Keskari, S. 100; vgl. auch Heiermann/Riedl/Rusam, B § 2, Rdn. 63.

sind zwar nach der Leistungsbeschreibung nicht vorgesehen, jedoch als möglicherweise zu erwarten im Vertrag benannt, nämlich in den jeweiligen Auflistungen der Abschnitte 4 der ATV. Es läßt sich durchaus begründen, daß auf diese Weise auch ohne Aufnahme in die Leistungsbeschreibung die Besonderen Leistungen zumindest als möglicherweise anfallende vorgesehen sind. Im wesentlichen ist das Merkmal „im Vertrage nicht vorgesehen" aber erfüllt, wenn man Leistung als Aufwand auslegt.

Als weiteres setzt § 2 Nr. 6 VOB/B voraus, daß die nicht vorgesehene Leistung nach Vertragsschluß gefordert wird.[277] Das Wort „fordern" setzt die Entscheidungsfreiheit des Fordernden voraus. Der Auftraggeber soll die Freiheit haben, auf den besonderen Aufwand zu verzichten. An dieser Entscheidungsfreiheit aber fehlt es. Er hat das Werk verbindlich bestellt, und ein von der Herstellung nicht zu trennender Mehraufwand ist damit in der Bestellung enthalten.

Die Bestimmung des § 2 Nr. 6 VOB/B geht aber gerade von der Dispositionsfreiheit des Auftraggebers aus, über das Zusätzliche, sei es die Leistung, sei es der Aufwand, zu verfügen. Das drückt sich außer in dem Wort „fordern" auch darin aus, daß Anspruchsvoraussetzung für die zusätzliche Vergütung deren vorherige Ankündigung ist. Die Ankündigung als Anspruchsvoraussetzung, wie sie nach der herrschenden Lehre noch gesehen wird,[278] hat nur Sinn, wenn sie dem Auftraggeber Gelegenheit geben soll, auf sie mit einem Verzicht zu reagieren. Daraus ergibt sich, daß die nicht vorgesehene Leistung im Sinne des § 2 Nr. 6 VOB/B die ursprünglich vereinbarte nicht berühren soll. Es soll grundsätzlich die Möglichkeit bestehen, es bei dem ursprünglich Vereinbarten zu belassen. Das ist aber bei dem zwangsläufig notwendigen Mehraufwand nicht möglich. Ohne diesen läßt sich das ursprünglich vereinbarte Leistungsziel nicht erreichen.

Schließlich sei darauf hingewiesen, daß § 2 Nr. 6 VOB/B im Zusammenhang mit der Bestimmung des § 1 Nr. 4 VOB/B gesehen werden muß. Dort ist von nicht vereinbarten Leistungen die Rede, die der Auftragnehmer auf Verlangen des Auftraggebers auszuführen hat, also nicht von sich aus.[279] Auch darin kommt der Grundsatz der Dispositionsfreiheit zum Ausdruck.

An dieser Voraussetzung fehlt es in all den Fällen des notwendigen Mehraufwandes. Der Auftraggeber entscheidet sich nicht freiwillig für eine nicht vor-

---

277 Ingenstau/Korbion, B § 2, Rdn. 292.
278 Vgl. die kritischen Stimmen von Peters in Staudinger/Peters, Rdn. 84 zu § 632 BGB und Jagenburg, NJW 1994, 2864, 2868.
279 Vgl. Ingenstau/Korbion, Rdn. 292 zu § 2 VOB/B.

gesehene Leistung oder einen nicht vorgesehenen Aufwand, er verweigert sogar diese Entscheidung, indem er die Rechtsfolge der zusätzlichen Vergütung bestreitet. Die notwendige Konsequenz wird nur in der Entscheidung Rinnsteinangleichung des OLG Düsseldorf vom 14.11.1991 gezogen, weil in ihr die Vergütung mangels bewußter Anforderung einer Zusatzleistung verweigert wird.[280] Die Ablehnung des Vergütungsanspruches aus § 2 Nr. 6 VOB/B ist folgerichtig, das Ergebnis allerdings nicht zu billigen, weil die herangezogene Vorschrift nicht maßgebend ist. § 2 Nr. 6 VOB/B ist auf notwendige Mehraufwendungen nicht anwendbar, weil sie der Dispositionsfreiheit des Auftraggebers entzogen sind. Wenn Früh den § 2 Nr. 6 VOB/B als Anspruchsgrundlage heranzieht,[281] geht auch er den allerdings von ihm nicht ausgesprochenen Schritt, die teurere Ausführungsart und damit den Aufwand als im Vertrag nicht vorgesehene Leistung zu behandeln. Das Tatbestandsmerkmal „gefordert" sieht er durch die Geltendmachung der Mängelansprüche erfüllt.[282] Aber auch die mit der Mängelbeseitigung verbundene teurere Ausführungsart ist vom Besteller nicht frei gewählt, er muß sie zwangsweise in Kauf nehmen, wenn er die erfolgreiche Mängelbeseitigung will. Der Besteller trifft also keine freie Entscheidung über den Mehraufwand, wenn er den vertraglichen Anspruch auf ein mangelfreies Werk geltend macht und den damit notwendigerweise verbundenen vergütungspflichtigen Mehraufwand in Kauf nimmt. Aus diesem Grunde kann die Geltendmachung des Mängelbeseitigungsanspruchs nicht der Forderung im Sinne des § 2 Nr. 6 VOB/B gleichgesetzt werden.

Die Entscheidungsfreiheit des Bestellers als Tatbestandsmerkmal des § 2 Nr. 6 VOB/B wird durch zwei Bestimmungen der VOB bestätigt. Nach § 4 Nr. 5 VOB/B hat der Unternehmer bis zur Abnahme die Leistung vor Beschädigungen und Diebstahl zu schützen. Diese Pflicht gilt unabhängig von einer Forderung des Bestellers. Zu dem in Satz 2 genannten Schutz gegen Winterschäden und Grundwasser sowie zur Schnee- und Eisbeseitigung ist der Unternehmer aber nur auf Verlangen seines Auftraggebers verpflichtet. Gemäß § 4 Nr. 5 S. 3 regelt sich nur die Vergütung der in S. 2 gennanten Leistungen, also der Leistungen, die vom Verlangen des Bestellers abhängig sind, nach § 2 Nr. 6 VOB/B. Für die notwendigen, von einer besonderen Forderung des Auftraggebers aber nicht abhängigen Schutzmaßnahmen des S. 1 will diese Bestimmung der VOB den § 2 Nr. 6 VOB/B also nicht anwenden.

Nach § 4 Nr. 9 VOB/B muß der Unternehmer, wenn er Gegenstände von Altertums- oder Kunstwert entdeckt, vor jedem weiteren Aufdecken dem

---

280 Vgl. oben II, 1, b.
281 Früh in „Die Sowieso-Kosten", S. 73.
282 Früh in „Die Sowieso-Kosten", S. 73/74.

Besteller den Fund anzeigen und ihm die Gegenstände nach näherer Weisung abliefern. Die Vergütung etwaiger Mehrkosten regelt sich nach § 2 Nr. 6 VOB/B. Auch hier wird diese Vorschrift für Aufwendungen herangezogen, die auf die nähere Weisung, also die freie Entscheidung des Auftraggebers, zurückgehen.

Die Nichtanwendbarkeit des § 2 Nr. 6 VOB/B bedeutet für den Unternehmer, daß ihm das Risiko abgenommen ist, mangels vorheriger Ankündigung seinen Anspruch zu verlieren.

2 Die Vergütung für eine angeordnete Leistungsänderung nach § 2 Nr. 5 VOB/B

a) Die Änderung der Preisermittlungsgrundlagen als Gegenstand der Regelung des § 2 Nr. 5 VOB/B

Die Bestimmung des § 2 Nr. 5 VOB/B gibt einen Anspruch auf Vereinbarung eines neuen Preises unter Berücksichtigung der Mehr- oder Minderkosten, wenn durch Änderung des Bauentwurfes oder andere Anordnungen des Auftraggebers die Grundlagen des Preises für eine im Vertrag vorgesehene Leistung geändert werden.

Auch diese Vorschrift ist einer Reihe von Urteilen zugrunde gelegt worden. Die Abgrenzung zu der Bestimmung des § 2 Nr. 6 VOB/B wird dabei nicht immer deutlich, es sei nur an die tatbestandsmäßig fast gleichliegenden Entscheidungen Tieferaushub Straße des OLG Düsseldorf vom 13.3.1990 (§ 2 Nr. 5 VOB/B) und Tieferaushub Fernleitung des OLG Düsseldorf vom 30.11.1988 (§ 2 Nr. 6 VOB/B) erinnert.[283]

Auch der BGH erklärt nicht, aus welchem Grunde die zum Erreichen einer trockenen Baugrube notwendigen zusätzlichen Wasserhaltungsmaßnahmen in einem Fall eine zusätzliche Leistung sein sollen (Entscheidung Wasserhaltung Weser vom 11.11.1993),[284] im anderen Fall dagegen eine geänderte Leistung (Entscheidung Wasserhaltung Polder vom 9.4.1992[285]). Dabei weist die unterschiedliche Wortwahl der beiden Bestimmungen durchaus auf eine Abgrenzung ihrer Tatbestandsmerkmale hin. Die Bestimmung des § 2 Nr. 5 VOB/B spricht von Grundlagen des Preises. Damit greift sie inhaltlich die

---

283 Vgl. oben II, 2, c und d.
284 Vgl. oben II, 3, a, cc.
285 BGH vom 9.4.1992, BauR 1992, 759 = NJW 1992, 2823 = ZfBR 1992, 211 = NJW-RR 1992, 1046; vgl. oben II, 3, a, bb.

Formulierung des § 9 VOB/A auf. Wenn dort davon die Rede ist, daß die Leistung so erschöpfend zu beschreiben sei, daß alle Bewerber ihre Preise sicher und ohne umfangreiche Vorarbeiten berechnen können und daß, um eine einwandfreie Preisermittlung zu ermöglichen, alle sie beeinflussenden Umstände anzugeben seien, dann kann die Bestimmung des § 2 Nr. 5 VOB/B mit ihren Grundlagen des Preises nichts anderes meinen als die Leistungsbeschreibung im Sinne dieses § 9 VOB/A. Diese ist aber, wie oben herausgearbeitet, die vom Auftraggeber eingebrachte Preisermittlungsgrundlage, mithin das Maß des von der Vergütung abgegoltenen Aufwandes.[286] Die Bestimmung des § 2 Nr. 5 regelt damit die Änderung des Aufwandes, und zwar unabhängig von der Frage, ob mit ihr eine Änderung des Leistungserfolges verbunden ist.

Eine in diesem Sinne zusätzliche Leistung kann sich aus einem Mehraufwand ergeben, wenn sich der Nutzwert durch die geänderte Ausführung erhöht. Die hier vorgestellten Fälle haben aber gezeigt, daß die Änderung des Aufwandes in der Regel nicht zu einer Änderung des Leistungsergebnisses führt. Die Bestimmung des § 2 Nr. 5 VOB/B hat damit die Anpassung der Vergütung an den von den Preisermittlungsgrundlagen abweichenden Aufwand zum Gegenstand und grenzt sich damit vom § 2 Nr. 6 VOB/B ab, der, wie zuvor dargestellt, die besondere Vergütung für eine nicht vorgesehene Leistung im Sinne eines Leistungserfolges regelt. § 2 Nr. 5 VOB/B knüpft seine Rechtsfolge also an eine Änderung des Aufwandes, § 2 Nr. 6 VOB/B an ein zusätzliches Leistungsergebnis. Diese Auslegung führt zu einer recht klaren Abgrenzung der beiden Bestimmungen, die bisher so manche Schwierigkeit bereitet hat.[287]

b) Die rechtsgeschäftliche oder nur technische Anordnung

Ein Mehraufwand, der zur Erreichung des Leistungserfolges notwendig ist, wird von der ursprünglichen vertraglichen Leistungspflicht umfaßt. Deshalb kann den Ausführungen des BGH in seiner Entscheidung Wasserhaltung Polder vom 9.4.1992[288] insoweit nicht zugestimmt werden, als er die Anwendung des § 2 Nr. 5 VOB/B davon abhängig macht, ob sich für den Auftragnehmer zusätzliche vertragliche Leistungspflichten ergeben. Es kann allein die Frage sein, ob sich ein zusätzlicher, die Grundlagen des Preises verlassender Mehraufwand ergibt und aus diesem Grunde die Vergütung gemäß § 2 Nr. 5 VOB/B anzupassen ist.

---

286 Vgl. oben IV. 4.
287 Vgl. zu den Abgrenzungsschwierigkeiten der §§ 2 Nr. 5 und 2 Nr. 6 VOB/B: von Craushaar, BauR 1984, 311 ff., 314; Ingenstau/Korbion, B, Rdn. 262 f.; Kapellmann/Schiffers, Bd.1 Einheitspreisvertrag, Rdn. 462 ff.
288 BauR 1992, 759; NJW-RR 1992, 1046; NJW 1992, 2823; ZfBR 1992, 211.

Die Vorschrift setzt neben der Änderung der Grundlagen des Preises eine Änderung des Bauentwurfes oder andere Anordnungen des Auftraggebers voraus. Was ist eine Anordnung? Sie wird definiert als eine „die eindeutige Befolgung durch den Auftragnehmer heischende Aufforderung des Auftraggebers".[289] Der Begriff wird weit ausgelegt. Es genügt, daß die Anordnung das Ergebnis einer Abstimmung mit dem Unternehmer, der Bauaufsichtsbehörde oder einem anderen Baubeteiligten ist. Auch kommt es nicht darauf an, ob der Anstoß zu der Anordnung vom Auftraggeber ausgegangen ist. Es genügt, daß dieser auf eine Anregung des Unternehmers eingeht.[290] Diese Voraussetzung ist in der Mehrzahl der Fälle erfüllt.

Die kritische Frage ist, ob eine solche Anordnung von dem Rechtsfolgewillen getragen sein muß, auch eine Änderung der Vergütung zu akzeptieren. Der BGH hat in seiner Entscheidung Wasserhaltung Polder die Frage, ob die von dem Ingenieurbüro erteilte Anordnung eine ändernde im Sinne des § 2 Nr. 5 VOB/B oder nur eine die Vertragsleistung sichernde im Sinne des § 4 Nr. 1 Abs. 3 VOB/B war, keinesfalls von dem Verpflichtungswillen des Auftraggebers abhängig gemacht, sondern vom Ergebnis der dem Berufungsgericht aufgetragenen weiteren Feststellungen zum Umfang der Vertragspflichten. Wenn selbst der BGH noch nicht wußte, ob die Anordnung Vergütungspflichten zur Folge hatte, konnten die Vertragspartner auf der Baustelle dies erst recht nicht wissen. Das führt dazu, daß die Entscheidung der Frage, ob eine Anordnung zu einer Änderung der Vergütung führt, nicht von dem rechtsgeschäftlichen Willen des Anordnenden abhängt, sondern von dem Vergleich des der Preisvereinbarung zugrundegelegten Aufwandes mit dem tatsächlich notwendig gewordenen. Der BGH knüpft damit an die rein technisch ohne Rechtsfolgewillen – der Auftraggeber bestreitet ja seine Pflicht zur Vergütungsanpassung – ergangene Anordnung die Rechtsfolge der Vergütungsanpassung. Er läßt demnach tatsächlich die rein technische Anordnung genügen.

Dieser vom BGH nicht nur in seiner Entscheidung Wasserhaltung Polder, sondern auch in seinen anderen Entscheidungen Wasserhaltung Weser, Kellerabdichtung I, Wärmeschutzfassade und Parkplatzpflasterung praktizierte Verzicht auf das vorherige Einverständnis des Auftraggebers mit der Vergütung des Mehraufwandes ist mit dem Grundsatz, daß ohne entsprechende Willenserklärung niemandem eine Verpflichtung auferlegt werden kann, nur unter der Voraussetzung vereinbar, daß die Verbindlichkeit mangels einer anderen Rechtsgrundlage dem Grunde nach bereits in dem ursprünglichen

---

289 Ingenstau/Korbion, Rdn. 273 zu § 2 VOB/B.
290 Piel in FS Korbion, 357; Vygen, BauR 1983, 414 ff. sowie BGH vom 27.6.1985, BauR 1985, 565 = NJW 1985, 2696 = ZfBR 1985, 271 = Betrieb 1985, 2503; Nicklisch/Weick, § 2 Rdn. 61.

Vertrag verankert ist. Das ist die vom BGH allerdings nicht ausgesprochene Voraussetzung für die Anwendung des § 2 Nr. 5. Die Voraussetzung wird erfüllt durch die Aufwandsbezogenheit der Preisvereinbarung in Verbindung mit der aufrechterhaltenen Erfolgsbezogenheit der Leistung. Da die Rechtsgrundlage für den notwendigen Mehraufwand der ursprüngliche Vertrag ist, braucht die Anordnung nur eine technische zu sein. Sie bestätigt die Erforderlichkeit. Ob die Anordnung zugleich den vertraglichen Aufwandsrahmen sprengt, muß einer späteren Klärung vorbehalten bleiben, wie es der BGH in seinem Urteil Wasserhaltung Polder praktiziert.

c) **Die Notwendigkeit, den Vertragsparteien eine vorzeitige rechtsgeschäftliche Festlegung zu ersparen**

Mit dieser Lösung wird den Vertragsparteien der Druck genommen, in der kritischen Situation, wenn unerwartete Schwierigkeiten die geplanten Termine und Kosten durcheinanderzubringen drohen, neben der ohnehin oft nicht leichten Lösung der technischen Probleme auch die rechtlichen Konsequenzen festlegen zu müssen.

Nach dem Urteil Rinnsteinangleichung des OLG Düsseldorf vom 14.11.1991[291] müßte der Unternehmer die Befolgung der Anordnung, die Unfallquelle Rinnstein zu beseitigen, von der weiteren Zusage abhängig machen, diese zusätzlich vergütet zu bekommen. Der Unternehmer würde hier möglicherweise eine Zusage ertrotzen, deren Berechtigung sich nachträglich als falsch herausstellen könnte. Da er aber andererseits nach jenem Urteil ohne eine vorherige Kostenzusage keinen vertraglichen Vergütungsanspruch hätte, bliebe ihm keine andere Wahl, als seinen Auftraggeber in dieser Weise unter Druck zu setzen. Bleibt der Auftraggeber hart und verschließt sich der zusätzlichen Vergütungsforderung, riskiert er, daß der Unternehmer seine Leistung verweigert und der Bau zum Stillstand kommt. Kündigt er daraufhin und holt sich einen anderen Unternehmer, weiß er erst nach oft jahrelangen Auseinandersetzungen, ob sein Vorgehen gerechtfertigt war und er von dem die Leistung verweigernden ersten Unternehmer Schadensersatz bekommen kann. In entsprechender Weise weiß auch der Unternehmer nicht, ob seine Leistungsverweigerung später von den Gerichten als rechtmäßig anerkannt wird oder nicht. Einige Beispiele aus der Rechtsprechung mögen verdeutlichen, welches Lotteriespiel sich hier entwickelt.

Das OLG Bamberg hat am 26.7.1988 den Fall entschieden,[292] daß mit Fliegengittern zu liefernde und zu montierende Fenster in den Detailzeichnun-

---

291 Vgl. oben II, 1, b.
292 BauR 1989, 744.

gen Wetterschenkel von drei Zentimetern vorsahen. Wegen dieser Wetterschenkel sah der Unternehmer sich nicht verpflichtet, die Fliegengitter zu montieren. Der vom Gericht gehörte Sachverständige hat erklärt, mit einem Aufsatzrahmen wäre die Montage möglich gewesen. Das habe auch die nachträgliche Anbringung durch die andere Firma gezeigt. Der Unternehmer mußte die Mehrkosten als Schadensersatz dem Bauherrn erstatten.

Anders erging es dem Unternehmer in dem Urteil des OLG Zweibrücken vom 20.9.1994.[293] Nach der Ausschreibung konnte der Unternehmer davon ausgehen, daß die Fenster zwischen den Laibungen zu montieren waren. Die kurz vor Baubeginn überreichten Unterlagen zeigten jedoch eine Montage vor dem Mauerwerk. Weil der Auftraggeber die Vereinbarung eines neuen Preises gemäß § 2 Nr. 5 VOB/B verweigerte, verließ der Unternehmer die Baustelle. Nach erfolgter Kündigung durch den Auftraggeber klagte dieser die Mehraufwendungen ein, die durch die Beauftragung einer neuen Firma entstanden waren. Das OLG Zweibrücken hat die Leistungsverweigerung des Unternehmers für berechtigt erklärt und die Klage damit abgewiesen.

Der Entscheidung des OLG Düsseldorf vom 27.6.1995[294] lag eine Terminverzögerung zugrunde. Aus diesem Grunde forderte der Unternehmer eine Anpassung der Vergütung an die veränderte Kostensituation. Er berief sich auf eine Änderung der Preisermittlungsgrundlagen wegen Änderung des Ausführungstermins, § 2 Nr. 5 VOB/B. Infolge Weigerung des Auftraggebers kündigte er den Vertrag. Seine Klage wurde abgewiesen, weil das Gericht einen Kündigungsgrund nach der Auslegung des Vertrages nicht bestätigen konnte.

Das Urteil des BGH vom 12.6.1980[295] hat den Streit der Parteien zur Grundlage, ob die übernommenen Betonfertigteilarbeiten auch die Befestigung der Anker in den an Ort und Stelle gegossenen Betonteilen umfaßte. Da der Bauherr die gesonderte Bezahlung verweigerte, verließ der Unternehmer die Baustelle. Auch der Bauherr blieb hart und kündigte den Vertrag. Die durch die Einschaltung der Drittfirma entstandenen Mehrkosten hat er eingeklagt. Zur Klärung der Frage, ob die Erfüllungsverweigerung des Unternehmers berechtigt war, hat der BGH die Sache an das Berufungsgericht zurückverwiesen. Wäre die Berechtigung zu verneinen, habe der Unternehmer sich einer positiven Vertragsverletzung schuldig gemacht und sei zum unbeschränkten Ersatz des Schadens einschließlich des entgangenen Gewinns verpflichtet.

---
293 BauR 1995, 251.
294 BauR 1996, 115.
295 Schäfer/Finnern/Hochstein, Nr. 2 zu § 8 VOB/B (1973) = BauR 1980, 465 = ZfBR 1980, 229.

Die wechselnden Prozeßergebnisse machen deutlich, in welche Risiken beide Vertragsparteien getrieben werden, wenn die Durchführung der jeweiligen zusätzlichen Maßnahmen, seien es der Aufsatzrahmen für die Fliegengitter, der Einbau der Fenster vor statt in das Mauerwerk oder der Einbau der Anker in den Ortbeton, von einer vorherigen rechtlichen Festlegung abhängig gemacht werden soll. Es ist ein Glücksspiel, wessen Auslegung sich am Ende als richtig erweist. Das Problem fällt weg, wenn die Parteien sich vergegenwärtigen, daß der erforderliche Mehraufwand zur Herstellung des Bauwerkteils vertragsgemäß ist und die Frage einer zusätzlichen Vergütung der späteren Klärung vorbehalten bleiben kann. Auf dieser Basis können beide Parteien sich auf die einwandfreie Technik konzentrieren und damit die Erreichung des Vertragszieles, die fristgemäße und fehlerfreie Fertigstellung des Bauwerkteils, sicherstellen.

Die Behandlung des technisch abgestimmten Mehraufwandes ist damit beantwortet. Offen bleibt die Frage für die Mehraufwendungen, hinsichtlich derer es zu keiner auch nur technischen Abstimmung geschweige denn Anordnung seitens des Auftraggebers kommt.

3 Vergütung nicht angeordneten Mehraufwandes nach der VOB

a) Auftraglose Leistung, § 2 Nr. 8 VOB/B

Die Vorschrift des § 2 Nr. 8 VOB/B, auftraglose Leistung, wird herangezogen für die Fälle, in denen es an jeglicher Mitwirkung des Auftraggebers gefehlt hat.[296] So hat beispielsweise das OLG Düsseldorf in seiner Entscheidung Rinnsteinangleichung diese Vorschrift geprüft, nachdem es zuvor den Anspruch nach § 2 Nr. 6 VOB/B verneint hat. Desgleichen hat der BGH in seiner Entscheidung Werratalbrücke[297] die Vorschrift in seine Überlegungen einbezogen. Korbion meint, daß das Vorfinden einer anderen Bodenklasse der Vorschrift des § 2 Nr. 8 Abs. 2 S. 2 VOB/B unterzuordnen sei.[298]

Werden aber wirklich die hier zur Debatte stehenden Mehraufwendungen ohne Auftrag oder gar unter eigenmächtiger Abweichung vom Vertrage ausgeführt? Geschehen sie nicht gerade in Erfüllung der Vertragspflicht, das bestellte Werk vollständig und fehlerfrei herzustellen? Eine Leistung kann kaum als „ohne Auftrag oder unter eigenmächtiger Abweichung vom Ver-

---

296 Kapellmann/Schiffers, Bd. 1, Einheitspreisvertrag, Rdn. 456.
297 Vgl. oben II, 3, c, cc.
298 Ingenstau/Korbion, Rdn. 295 zu § 2 VOB/B.

trag" ausgeführt bezeichnet werden, wenn sie zur vertraglichen Gesamtherstellung notwendig ist. Der Tatbestand der notwendigen Mehrleistungen ist also das Gegenteil dessen, was § 2 Nr. 8 VOB/B regelt.

Kann der Begriff Leistung bei dieser Vorschrift als Aufwand ausgelegt werden? In Abs. 1 S. 2 wird als Grundsatz die Pflicht zur Beseitigung der auftraglosen Leistung festgelegt. Ein selbständiges Bauwerksteil kann beseitigt werden, nicht aber ein bereits getätigter Aufwand. Der läßt sich nicht rückgängig machen, man denke nur an den Einsatz der Betonpumpe. Aber selbst separate Bauteile wie die fünf Heizregister lassen sich nur um den Preis, daß das Werk mangelhaft wird, wieder ausbauen.

Auch in Abs. 2 läßt sich der Begriff Leistung nicht in Aufwand umdeuten. Wenn es dort heißt, daß eine Vergütung dem Auftragnehmer zusteht, wenn der Auftraggeber die auftraglosen Leistungen nachträglich anerkennt, dann ist nicht erkennbar, wie ein für die Herstellung notwendiger Mehraufwand einer separaten Anerkennung zugänglich sein kann, wenn das Werk an sich abgenommen wird. Zur Abnahme konnte es nur kommen infolge der fehlerfreien Fertigstellung. Wenn diese nur durch den zur Debatte stehenden Mehraufwand möglich war, umfaßt die Abnahme zwangsläufig den für die Abnahmefähigkeit notwendigen Mehraufwand. Anerkannt werden kann die *Notwendigkeit* des Mehraufwandes. Ein solches Anerkenntnis hat aber nur bestätigende Bedeutung. Auch ohne Anerkenntnis wäre der Mehraufwand vertragsgemäß, wenn der Unternehmer die Erforderlichkeit beweist. Die Vorschrift ist also auf den nicht angeordneten, aber notwendigen Mehraufwand nicht anwendbar.[299]

Einen weiteren Weg, ohne Mitwirkung des Auftraggebers einen zusätzlichen Vergütungsanspruch entstehen zu lassen, hat die VOB/B nicht vorgesehen. Auf welchem Wege regelt sich also die Vergütung der einerseits pflichtgemäß ergriffenen, andererseits aber mit dem Auftraggeber nicht abgestimmten Zusatzmaßnahmen?

b) Ergänzende Vertragsauslegung auf der Grundlage des § 2 Nr. 5 VOB/B

Ausgangspunkt der Suche nach einer Antwort muß die Regelung sein, die die VOB für den technisch abgestimmten Mehraufwand getroffen hat. Dies ist, wie oben dargestellt, die Vorschrift des § 2 Nr. 5 VOB/B. Die Grundlagen des Preises für die im Vertrag vorgesehenen Leistungen haben sich geän-

---

299 Ähnlich Feber, Fn 51.

Die Vergütung des Mehraufwandes

dert. Es fehlt an der Anordnung seitens des Auftraggebers im Sinne eines ihm zuzurechnenden Verhaltens, das zur Preisgrundlagenänderung geführt hat. Damit entfällt die unmittelbare Anwendung des § 2 Nr. 5 VOB/B.[300] Auch ohne eine solche entspricht die Zusatzmaßnahme aber der vertraglichen Erfolgspflicht des Werkunternehmers. Diese Variante, daß eine Zusatzmaßnahme ohne Abstimmung mit dem Auftraggeber gleichwohl pflichtgemäß ergriffen wird, ist in der VOB nicht geregelt. Da das dispositive Recht, also die Vorschriften des BGB, keine diesen Fall regelnde Bestimmung enthalten, ist die Lücke durch ergänzende Vertragsauslegung zu schließen.[301] Auch allgemeine Geschäftsbedingungen wie die VOB/B können ergänzend ausgelegt werden.[302]

Zu fragen ist, welche Regelung die Parteien getroffen hätten, wenn sie an die Möglichkeit einer nicht abgestimmten, aber für den Vertragserfolg notwendigen Zusatzmaßnahme gedacht hätten.[303] Die zu schließende Lücke ist das Fehlen der technischen Abstimmung. Diese hat, wie oben dargestellt, die Bedeutung, die Erforderlichkeit der Maßnahme zu bestätigen. Die damit im Vorwege geschaffene Klarheit muß im Falle unterbliebener Abstimmung nachträglich gefunden werden. Da die Notwendigkeit der ergriffenen Zusatzmaßnahme nicht durch eine vorher getroffene Abstimmung belegt ist, muß der Unternehmer die Notwendigkeit auf andere Weise beweisen, will er mit seinem Anspruch durchdringen. Die VOB ist also dahin gehend zu ergänzen, daß bei nicht erfolgter vorheriger Einholung einer Anordnung gemäß § 2 Nr. 5 VOB/B hinsichtlich der Zusatzmaßnahme es dem Unternehmer überlassen bleibt, die Erforderlichkeit nachträglich zu beweisen, eventuell durch Gutachten.

Mit dieser nachträglichen Beweismöglichkeit allein wäre der Auftraggeber aber schlechter gestellt, als wenn eine technische Abstimmung mit ihm stattgefunden hätte. Es fehlt die Warnung bezüglich möglicher Mehrkosten, die sich aus der technischen Abstimmung ergibt. Dem Auftraggeber muß Gelegenheit gegeben werden, Vorsorge zu treffen hinsichtlich der Bereitstellung etwaiger zusätzlicher Geldmittel. Ein Ersatz für die aus der Anordnung resultierende Warnung kann die Ankündigung des Anspruchs auf zusätzliche Vergütung sein. Eine Ankündigungspflicht würde dem Bedürfnis gerecht, dem Vertragspartner, der sich mit einer Änderung der Vertragsabwicklung abfinden soll, Gelegenheit zu geben, sich auf diese Änderung einzustellen.

---

300 Ingenstau/Korbion, B, § 2 Rdn. 267.
301 MünchKomm/Mayer-Maly, Rdn. 24 ff. zu § 157 BGB.
302 Schmidt in Ulmer/Brandner/Hensen, Rdn. 31 zu § 6 AGBG.
303 Nicklisch/Weick, Einf. §§ 4 bis 13, Rdn. 57.

Der Fall ist nicht vergleichbar mit der Ankündigungspflicht nach § 2 Nr. 6 VOB/B, Vergütung für eine nicht vorgesehene Leistung, und § 2 Nr. 8 VOB/B, Vergütung für eine auftraglose Leistung. Diese beiden Bestimmungen gehen nicht von einer Zwangsläufigkeit der Änderung der Vertragsabwicklung aus, sie setzen vielmehr die Möglichkeit voraus, daß der Auftraggeber auf die jeweilige Ankündigung mit einer Ablehnung der nicht vorgesehenen oder der auftraglosen Leistung reagieren kann. Der hier zur Debatte stehende notwendige Mehraufwand ähnelt eher der Abweichung des Beauftragten von den Weisungen seines Auftraggebers, § 665 BGB. Sowohl der notwendige Mehraufwand wie auch die Abweichung von den Auftraggeberweisungen dienen zu nichts anderem als der ordnungsgemäßen Vertragserfüllung. Die für den Fall der Abweichung von den Weisungen des Auftraggebers in § 665 BGB festgelegte Ankündigungspflicht läßt sich daher sinngemäß auf den notwendigen Mehraufwand übertragen. Gleiches gilt für die Rechtsfolge der pflichtwidrig unterlassenen Ankündigung. Anders als bei den Bestimmungen des § 2 Nr. 6 VOB/B und § 2 Nr. 8 VOB/B, bei denen die Ankündigung Anspruchsvoraussetzung ist, die Säumnis also zu einem Anspruchsverlust führt, hätte hier die versäumte Ankündigung nur die Rechtsfolge der Verpflichtung zum Schadensersatz.[304] Das bedeutet, daß der Unternehmer die Nachteile ersetzen muß, die dem Auftraggeber dadurch entstanden sind, daß er sich nicht frühzeitiger auf mögliche Mehrkosten einstellen konnte. Die Beschränkung der Sanktion auf diese Schadensersatzpflicht ist gerechtfertigt, weil anders als in den Fällen der §§ 2 Nr. 6 und 2 Nr. 8 VOB/B hier der Unternehmer keine von seinen Vertragspflichten abweichende Leistung erbringt.

Soweit die notwendigen Mehraufwendungen in der VOB/C erfaßt sind und der jeweilige Teil der VOB/C in wirksamer Weise in den Vertrag einbezogen ist, befreit deren Regelwerk die dort als möglich vorgesehenen notwendigen Mehraufwendungen von der Ankündigungspflicht. Dies muß im Wege des Umkehrschlusses aus der Tatsache geschlossen werden, daß für eine Reihe von Mehraufwendungen, insbesondere bei abweichenden Boden- und Grundwasserverhältnissen, die vorherige Abstimmung mit dem Auftraggeber ausdrücklich angeordnet ist. Soweit diese Abstimmung nicht vorgesehen ist, will die VOB/C es offenbar mit der Erfassung in ihren exemplarischen Listen genügen sein lassen.

---

304 Staudinger/Wittmann, Rdn. 11 zu § 665 BGB.

4 Die sinngemäße Anwendung des § 632 Abs. 1 BGB

Anders als zu den Bestimmungen der VOB findet sich zu denen des BGB keine Entscheidung, die die Vergütung für den notwendigen Mehraufwand zuspricht. In der Entscheidung Wassergehalt Baugrund Straße vom 23.3.1972[305] hat der BGH bereits die vertragsgemäße Leistung hinsichtlich des Mehraufwandes verneint. Für eine vertragliche Vergütung war insoweit naturgemäß kein Raum. In gleicher Weise hat das OLG Düsseldorf in seiner Entscheidung vom 17.5.1991 die notwendige durch den Bombentrichter bedingte Fundamentverstärkung beurteilt.[306] In dem Fall Deponiesperrung hatte der BGH in seinem Urteil vom 1.10.1991[307] die durch diese Sperrung entstandenen Stillstandskosten als einen Schaden wegen unzureichender Mitwirkung des Auftraggebers behandelt, jedoch keine inhaltliche Leistungsänderung gesehen. Allen drei Entscheidungen ist gemeinsam, daß sie den Unterschied zwischen vereinbartem Leistungserfolg einerseits und Beschreibung der Leistungsausführung andererseits nicht berücksichtigen. Sie beharren auf dem dem Werkvertragsrecht des BGB zugrundeliegenden Grundgedanken, daß der Unternehmer für die vereinbarte Vergütung den vereinbarten Leistungserfolg zu erbringen hat.[308] Mangels Aufwandsbezogenheit der Vergütung kennt das BGB anders als die VOB keine Anpassung an einen geänderten Aufwand.

In der Literatur wird eine Anpassung der Vergütung allenfalls über die Störung der Geschäftsgrundlage im Falle von Erschwerungen der Leistungserbringung zugestanden.[309] Störung der Geschäftsgrundlage setzt eine tiefgreifende Änderung der der Vergütungsvereinbarung zugrundegelegten Rahmenbedingungen voraus. Die in der Rechtsprechung entwickelten strengen Voraussetzungen für dieses Tatbestandsmerkmal sind in den hier herangezogenen Fällen nicht erfüllt.

Damit fehlt dem BGB eine Regelung für die hier festgestellte Vertragskonstellation der Erfolgsbezogenheit der Leistung und der Aufwandsbezogenheit der Vergütung zur Anpassung der Vergütung an den geänderten Aufwand. Die Werkvertragsvorschriften des BGB enthalten keine dem des § 2 Nr. 5 VOB/B entsprechende Bestimmung.

Auszugehen ist von der oben getroffenen, auch für den BGB-Werkvertrag gültigen Feststellung, daß die Leistung erfolgsbezogen, die Vergütung dage-

---

305 Vgl. oben II, 2, a.
306 Vgl. oben II, 2, b.
307 Vgl. oben II, 4, d.
308 Vgl. Staudinger/Peters, Rdn. 54 zu § 632 BGB.
309 Vgl. Staudinger/Peters, Rdn. 56 zu § 632 BGB.

gen aufwandsbezogen vereinbart ist, soweit die Leistungsbeschreibung Aufwandsangaben enthält. Zeigt sich zwischen Leistungsbeschreibung und vereinbartem Leistungserfolg eine Lücke, fehlt dem Leistungsteil Mehraufwand die Vergütungsregelung.

Fehlt es an einer Vergütungsvereinbarung für eine Werkleistung, gilt sie als stillschweigend vereinbart, wenn die Herstellung den Umständen nach nur gegen eine Vergütung zu erwarten ist (§ 632 Abs. 1 BGB). Die Bestimmung hat zwar den Fall zum Gegenstand, daß es für eine vereinbarte Werkleistung überhaupt an einer Vergütungsvereinbarung fehlt. In den hier zu erörternden Fällen ist die Vergütung aber vertraglich festgelegt, nur begrenzt auf einen bestimmten Aufwand. Ein wesensmäßiger Unterschied besteht aber nicht, ob einerseits für die gesamte Werkleistung oder andererseits für einen Teil des dazu notwendigen Aufwands die Vergütungsvereinbarung fehlt. Es steht daher nichts im Wege, die Bestimmung des § 632 Abs. 1 BGB sinngemäß auf den notwendigen Mehraufwand anzuwenden und damit die insoweit fehlende Vergütungsvereinbarung durch die übliche Vergütung zu ersetzen.

Das bedeutet, daß auch bei Anwendung der Vorschriften des BGB die Vergütung des notwendigen Mehraufwandes ihre Rechtsgrundlage in dem ursprünglich geschlossenen Vertrag hat. Die Abstimmung des Mehraufwandes mit dem Auftraggeber, die sich damit auf das technische beschränken kann, hat damit ebenso wie bei der Anordnung nach § 2 Nr. 5 VOB/B nur noch die Bedeutung einer Bestätigung der Erforderlichkeit. Die rechtliche Behandlung entspricht weitgehend derjenigen des § 2 Nr. 5 VOB/B. Es wird ohnehin die Ansicht vertreten, daß die Regelungen des § 2 Nr. 5 VOB/B über den Anwendungsbereich der VOB/B hinaus Geltung beanspruchen können.[310]

Soweit die technische Abstimmung des Mehraufwandes zwischen den Vertragsparteien unterlassen wird, bleibt der Mehraufwand dennoch vertragsgemäß, soweit er für die Erfüllung der Herstellungspflicht notwendig ist. Der Unternehmer erfüllt mit dem notwendigen Mehraufwand seine vertraglichen Pflichten. Allerdings gilt für diesen Fall ebenso, wie oben bereits für den VOB-Vertrag festgestellt, die Notwendigkeit, die mit der technischen Abstimmung ausgebliebene Warnung des Auftraggebers durch die Ankündigung des notwendigen Mehraufwandes zu ersetzen. Auch hier verlangt der Grundsatz von Treu und Glauben, dem Auftraggeber Gelegenheit zu geben, sich auf die Konsequenzen der notwendigen Änderung der Leistungserbringung einzustellen. Eine Verletzung dieser Ankündigungspflicht kann als positive Forderungsverletzung bewertet werden.[311]

---
310 Vgl. Staudinger/Peters, Rdn. 76 zu § 632 BGB.
311 Staudinger/Peters, Rdn. 79 zu § 632 BGB.

Damit ist auch die Frage der Parteien des BGB-Werkvertrages, wie der notwendige Mehraufwand für die Herstellung des Werkes zu vergüten ist, beantwortet.

5 Ergebnis

Kehren wir gedanklich zurück zu den beiden unter dem geöffneten Dach streitenden Vertragspartnern. Auf die gestellten Fragen ergeben sich nunmehr die folgenden Antworten.

Die dringlichste Frage des Unternehmers war die, wie er am nächsten Tag weiterarbeiten soll. Da zwischen beiden Vertragspartnern Einigkeit besteht, daß nur die teurere Sanierungslösung zur nachhaltigen Dachdichtigkeit führt, der Bauherr aber die Forderung nach einer erfolgreichen Werkleistung nicht aufgegeben hat, besteht die Leistungspflicht des Unternehmers in dem Erfolg und damit in der notgedrungen teureren Ausführungsweise.

Die Frage des Unternehmers nach der zusätzlichen Vergütung ist abhängig von der Auslegung des Vertrages. Sie muß offen bleiben, weil sie in dem hektischen Streitgespräch auf der Baustelle nicht lösbar ist. Der Unternehmer braucht aber auch nicht auf der Klärung dieser Frage zu bestehen, weil er sich seines Vergütungsanspruchs sicher sein kann, sofern er in der späteren Auseinandersetzung mit seiner Auslegung der Leistungsbeschreibung durchdringt. Die Rechtsgrundlage ist gegeben, sie ist der ursprüngliche Vertrag. Der Vergütungsanspruch des Unternehmers ist nicht von einer ergänzenden Willenserklärung des Auftraggebers abhängig. Es wäre sogar rechtlich unbegründet, wenn er vom Bauherrn ein vorheriges Anerkenntnis der Mehrvergütung verlangen wollte.

Die Untersuchung der wechselseitigen Vertragspflichten ergibt, daß der Unternehmer auch ohne Anerkennung der Mehrvergütung zur Leistung in der aufwendigeren Ausführungsweise verpflichtet ist. Etwas anderes könnte sich allenfalls ergeben, wenn der Auftraggeber kategorisch erklärt, unter keinen Umständen zahlen zu wollen, auch dann nicht, wenn der Unternehmer mit seiner Auslegung Recht hätte. Eine solche Erklärung wäre die Ankündigung, sich später herausstellende vertragliche Zahlungspflicht nicht erfüllen zu wollen, und eines vorsätzlichen Vertragsbruchs und würde damit einen Sonderfall der Leistungsverweigerung begründen.

Der Bauherr auf der anderen Seite braucht einer etwaigen Forderung des Auftraggebers, den Vergütungsanspruch für die teurere Ausführung im vorhinein anzuerkennen, nicht nachzugeben. Er kann die Leistung verlangen und sich gleichzeitig die Prüfung der Zusatzvergütung vorbehalten. Er wäre allerdings nicht gut beraten, in dieser Situation kategorisch unter allen Umständen die Zusatzvergütung abzulehnen. Er darf nicht im Vorwege erklären, die Erfüllung sich bei nachträglicher Klärung ergebender etwaiger Zahlungspflichten verweigern zu wollen.

Eine der beiden Parteien muß ihre dem Vertragsschluß zugrundeliegende Kalkulation grundlegend revidieren, je nachdem, wie die Auslegung des Vertrages ausfällt. Den Unternehmer trifft es, wenn nach der Auslegung der Leistungsbeschreibung der Mehraufwand einzukalkulieren war. Die Mehrkosten sind sein durch den Kalkulationsfehler entstandener Schaden. Die Nachkalkulation wird mit einem Verlust abschließen.

Der Bauherr muß seine Verwendungskalkulation revidieren, wenn sich herausstellt, daß der Mehraufwand in der Leistungsbeschreibung nicht vorgesehen war und er ihn deshalb zusätzlich vergüten muß. Der Ertrag seines Bauwerks, sei es der Verkaufserlös, sei es die Mieteinnahme, bleibt unverändert bei erhöhten Baukosten. Auch für ihn kann das Bauvorhaben zu einem verlustträchtigen werden. Er muß dies hinnehmen als Konsequenz seiner Vertragsgestaltung, die Vergütung in einem näher bezeichneten Aufwand zu bemessen. Die Fehlbeurteilung des zu erwartenden Aufwandes trifft den Bauherrn nicht anders als den Unternehmer sein Kalkulationsfehler.

Die Härte für beide Seiten ist, daß die Konsequenzen bereits im ursprünglichen Vertrag verankert sind, es nur geraume Zeit dauern kann, bis die Parteien sie kennen. Dieses Problem wirft die Frage des Vorleistungsrisikos auf. In dem in der Einleitung gebildeten Fall müßte der Unternehmer im Werte von DM 1,3 Mio. Bauleistung erbringen, hinsichtlich derer nicht geklärt ist, ob sie zusätzlich zu vergüten sind. Muß er ohne Anspruch auf Abschlagszahlungen in voller Höhe vorleisten?

Die zweite Frage ist, ob der Bauherr eine Möglichkeit haben muß, bei einer Kostensteigerung dieses Ausmaßes das Risiko der späteren Inanspruchnahme durch eine Kündigung des Vertrages auszuschalten, beispielsweise, wenn er voraussehen kann, daß er mit Sicherheit diesen Betrag nicht aufbringen könne.

VII Kündigungsmöglichkeit des Bauherrn und Vorleistungsrisiko des Unternehmers

1 Kündigung durch den Bauherrn

Der Besteller kann jederzeit kündigen. Das uneingeschränkte Kündigungsrecht gewähren sowohl § 649 BGB wie auch § 8 Nr. 1 Abs. 1 VOB/B. Wenn der Unternehmer keinen Grund zur Kündigung geliefert hat, kann er die vereinbarte Vergütung abzüglich ersparter Aufwendungen verlangen. Die Fehlbeurteilung des zu erwartenden Aufwandes stammt vom Besteller, hat der Unternehmer also nicht zu vertreten. Mangels eigenen Fehlverhaltens braucht dieser sich seinen Vergütungsanspruch nicht einschränken zu lassen.

Die Frage ist, was als vereinbarte Vergütung im Sinne des § 649 BGB wie auch des § 8 Nr. 1 VOB/B zu gelten hat, die vertraglich aufgrund des zu erwartenden Aufwandes vereinbarte oder diejenige Vergütung, die sich bei vollständiger Abwicklung des Vertrages ergeben würde, mithin die ursprünglich vereinbarte Vergütung zuzüglich der Vergütung des Mehraufwandes. Die Frage muß von dem Grundgedanken der beiden Bestimmungen her beantwortet werden. Sinn der Regelung ist, dem Unternehmer die wirtschaftliche Bedeutung, die der Auftrag für ihn gehabt hat, zu erhalten.[312] Die wirtschaftliche Bedeutung, insbesondere die Abstimmung mit anderen Aufträgen, bemißt sich für den Unternehmer nach der im Vertrag vereinbarten Vergütung, auch wenn sie am Aufwand orientiert ist. Mit der Zusatzvergütung für den Mehraufwand konnte er bei Vertragsabschluß nicht rechnen. Vom Sinn und Zweck der Regelung muß daher als vereinbarte Vergütung die ursprünglich dem Vertrag zugrundegelegte gelten, nicht die Erhöhung um den Mehraufwand.

Das würde im Fall der Dachsanierung bedeuten, daß, wenn sich jener Auftraggeber zur Kündigung entschlossen hätte, als vereinbarte Vergütung die ursprünglichen DM 700.000,00 zugrunde zu legen wären.

Wenn weiter davon auszugehen ist, daß in jenem Falle erst das Dach geöffnet war, mithin nur ein kleinerer Teil der Gesamtleistung erbracht war, der größere also noch ausstand, stellt sich die weitere Frage, ob dieser größere nicht mehr ausgeführte Leistungsteil nach den Regeln des § 649 BGB oder des § 8 Nr. 1 VOB/B abzurechnen ist.

---

312 Ingenstau/Korbion, B, § 8 Rdn. 18.

Kündigungsmöglichkeit des Bauherrn und Vorleistungsrisiko des Unternehmers

Da es an einer vertraglichen Pflichtwidrigkeit des Unternehmers fehlt, könnte eine Ermäßigung des Vergütungsanspruchs allenfalls aus dem Grundsatz von Treu und Glauben begründet werden. Es ist gewiß für den Bauherrn eine Härte, die vereinbarte Vergütung ausgeben zu müssen, ohne im Gegenzuge die Werkleistung zu erhalten. Da die Ursache dieser Härte aber in der Unrichtigkeit der von ihm vorgegebenen Preisermittlungsgrundlagen liegt, erscheint es nach den Grundsätzen von Treu und Glauben nicht gerechtfertigt, die Folgen auch nur teilweise auf den anderen Vertragspartner abzuwälzen, der die Preisermittlungsgrundlagen insoweit nicht beeinflußt hat.

Diese Beurteilung bestätigt sich durch einen Vergleich mit der Bestimmung des § 650 BGB. Dort wird vorausgesetzt, daß der Kostenvoranschlag des Unternehmers sich als unrichtig erweist. Selbst in diesem Fall der Unrichtigkeit der Preisermittlung des Unternehmers steht diesem ein der geleisteten Arbeit entsprechender Teil der Vergütung und zusätzlich Ersatz der in der Vergütung nicht inbegriffenen Auslagen zu (§ 645 Abs. 1 BGB), obwohl die angefangene Arbeit für den Auftraggeber infolge der Kündigung wertlos ist.

In Rechtsprechung und Literatur ist dieser Fall der Kündigung, soweit ersichtlich, bisher nicht behandelt.

Das Ergebnis ist, daß der Besteller im Fall der Kündigung des Werkvertrages wegen einer drohenden zusätzlichen Vergütungsverpflichtung für notwendigen Mehraufwand dem Unternehmer die Vergütung in der ursprünglich vereinbarten Höhe abzüglich ersparter Aufwendungen gemäß § 649 BGB oder § 8 Nr. 1 VOB/B schuldet.

2 Das Vorleistungsrisiko des Unternehmers

Bis zur Klärung der Frage, ob der unvermutet notwendige Mehraufwand zu vergüten ist oder nicht, können, wie die Fälle aus der Rechtsprechungsübersicht zeigen, Jahre vergehen. Das bedeutet, daß beide Parteien, solange der Auftraggeber nicht kündigt, mit der Unbekannten abwickeln müssen, ob sich der Mehrvergütungsanspruch als berechtigt erweist. Für den Unternehmer stellt sich in dieser Situation das Risiko der Vorleistung. Sie kann erheblich sein, denke man nur an die 1,3 Mio. DM-Mehrkosten für die richtige Ausführung der Dachsanierung in dem in der Einleitung behandelten Fall des OLG Hamm.

Die Größenordnung der Bauleistungen führt dazu, daß gemäß § 16 Nr. 1 VOB/B der Unternehmer Anspruch auf Abschlagszahlungen hat. Das BGB kennt Abschlagszahlungen nicht. Gemäß § 641 Abs. 1 BGB wird die Vergütung in einer Summe mit der Abnahme fällig. Im Gegensatz dazu sieht es die VOB als unzumutbar an, dem Bauunternehmer eine vollständige Vorleistungspflicht aufzuerlegen, die in einem Fall Hunderttausende, im anderen viele Millionen betragen kann.

Eine etwaige Zahlungsunfähigkeit des Auftraggebers würde zwangsläufig den Unternehmer mit in den Ruin ziehen. Aus diesem Grunde gibt es für Bauverträge größeren Volumens, denen die VOB nicht zugrunde liegt, in der Regel einen Zahlungsplan. Sowohl der Anspruch auf Abschlagszahlungen nach § 16 Nr. 1 VOB/B wie auch der auf Teilzahlungen nach einem etwaigen Zahlungsplan basiert auf der vertraglich vereinbarten Vergütung, kann also nicht begründet werden mit einer noch nicht geklärten Forderung auf zusätzliche Vergütung. Andererseits kann die Leistung nicht warten, wie oben festgestellt. Der Auftraggeber ist, solange ihm die Berechtigung des Anspruchs nicht bewiesen ist, nicht bereit, Abschlagszahlungen zu leisten. Der Standpunkt ist verständlich. Der Unternehmer andererseits fragt, ob, wenn er schon nicht seinen Zahlungsanspruch durchsetzen kann, er diesen nicht wenigstens gegen einen etwaigen Forderungsausfall sichern kann.

Der BGH hat diesen Konflikt behandelt in seiner Entscheidung Kellerabdichtung I vom 22.3.1984.[313] Der Unternehmer hatte die Nachbesserung der Kellerabdichtung von einer vorherigen Zuschußzahlung oder zumindest Beteiligungszusage an den durch die Abdichtung gegen drückendes Wasser entstehenden Mehrkosten abhängig gemacht. Er mochte sich auf die Entscheidung Parkplatzpflasterung vom 23.9.1976[314] gestützt haben, in der der BGH entschieden hat, der Unternehmer brauche nichts zu veranlassen, wenn der Besteller die Übernahme der auf ihn entfallenden Mehrkosten ablehne. In seiner Entscheidung Kellerabdichtung I modifiziert der BGH dieses Zurückbehaltungsrecht. Da der Unternehmer berechtigt und verpflichtet sei, die Nachbesserung selbst vorzunehmen, stünde es dem Besteller nicht frei, im Falle eines Streits über seine Kostenbeteiligungspflicht unverzüglich zur Fremdnachbesserung zu schreiten. Andererseits sei ihm nicht zuzumuten, den geforderten Zuschuß bereits vor Durchführung der Mängelbeseitigung zu zahlen oder ein betrags- oder quotenmäßiges Anerkenntnis seiner Beteiligungspflicht abzugeben. Dementsprechend könne der Unternehmer auch nicht Derartiges verlangen. Der BGH kommt zu dem Ergebnis, ein angemessener Interessenausgleich könne deshalb nur darin bestehen, daß der Unternehmer befugt sei, von dem Besteller lediglich Absicherung des geltend gemachten Beteiligungsanspruches zu verlangen.

---

313 Schäfer/Finnern/Hochstein, Nr. 5 zu § 13 Nr. 5 VOB/B (1973) = BauR 1984, 395 = BGHZ 90, 344 = NJW 1984, 1676 = ZfBR 1984, 173; vgl. oben II, 1, c.
314 BauR 1976, 430, 432 = Schäfer/Finnern, Zw. 414.1 Bl. 14.

Bei dieser Lösung bleibe der Unternehmer zwar mit der Vorfinanzierung der vom Besteller zu tragenden Mängelbeseitigungskosten belastet. Die Gefahr späterer Zahlungsverweigerung oder gar Zahlungsunfähigkeit des Bestellers sei aber gebannt. Für den Besteller ergebe sich andererseits die Möglichkeit, die Berechtigung der geforderten Kostenbeteiligung ohne zeitlichen Druck zu prüfen und notfalls gerichtlich klären zu lassen. Als Rechtsgrundlage seiner Entscheidung nennt der BGH den Grundsatz von Treu und Glauben (§ 242 BGB). Er findet die Zustimmung von Hochstein in seiner Urteilsanmerkung, sowohl rechtssystematisch wie auch in der Abwägung.[315]

Die im Zuge der Mängelbeseitigung vom Auftraggeber zu tragenden Sowiesokosten sind wirtschaftlich das gleiche wie die zusätzliche Vergütung für einen notwendigen Mehraufwand. In beiden Fällen muß der Auftraggeber mehr zahlen als vertraglich vorgesehen, um in den Genuß des vereinbarten Leistungserfolges zu gelangen. Der Unterschied besteht nur darin, daß in einem Fall die Kosten nachträglich entstehen, nach der Abnahme, im anderen Fall bereits bei der Ausführung, vor der Abnahme. Überträgt man die Gedanken des BGH auf die Ausführungsphase und geht davon aus, daß die Parteien sich statt über die Kostenbeteiligung über die zusätzliche Vergütung streiten, wäre in entsprechender Weise das Recht des Unternehmers auf eine Absicherung seines Anspruches zu begrenzen, ein vorheriges Anerkenntnis der zusätzlichen Vergütung wäre wie die Beteiligungszusage im Falle des BGH zu weitgehend. Die Nachteile würden in gleicher Weise verteilt wie in der Entscheidung des BGH. Der Unternehmer kann mangels eines vorherigen Anerkenntnisses keine Abschlagszahlungen verlangen, muß also den Mehraufwand vorfinanzieren. Der Bauherr muß in Kauf nehmen, auch wenn er, wie der BGH meint, nur Sicherheit in Form einer „vertrauenswürdigen Bürgschaft" zu leisten braucht, Vermögenswerte einzusetzen, die er für Bürgschaften üblicherweise hinterlegen muß. Die Regelung vermeidet die Schaffung vollendeter Tatsachen bis zur Klärung der streitigen Zusatzvergütung. Lediglich die Kosten der vom Besteller geleisteten Sicherheit lassen sich nicht mehr rückgängig machen, wenn sich herausstellen sollte, daß die Vergütungsforderung des Unternehmers unberechtigt war. Den Ersatz der ihm entstandenen Kosten wird der Besteller von dem Unternehmer aber nur fordern können, wenn dieser sie schuldhaft verursacht hätte, beispielsweise ohne pflichtgemäße Prüfung willkürlich die Zusatzvergütung gefordert hätte. Das wäre eine positive Vertragsverletzung, die eine Schadensersatzpflicht nach sich ziehen würde.

---

315 Schäfer/Finnern/Hochstein, § 13 Nr. 5 VOB/B (1973) Nr. 5, 35.

VIII Ratschläge an die Vertragsparteien

1 Ratschläge an den Bauherrn

Die frühestmögliche und zugleich wirksamste Vorbeugungsmaßnahme gegen unvermutete Kostenerhöhungen ist die Vertragsgestaltung. Dabei ist an dem Punkt anzusetzen, der in dieser Schrift als Ursache des Problems festgestellt worden ist, der Trennung von Planung und Ausführung. Kehrt der Bauherr zur Urform des Werkvertrages zurück und beschreibt das Bauwerk nur nach seinen Nutzerwünschen, bleibt es dem Unternehmer überlassen, die Verwirklichung dieser Nutzerwünsche zu planen und auszuführen. Wie immer ein solcher Vertrag bezeichnet wird, sei es als Totalunternehmervertrag, sei es als Globalpauschalvertrag, das entscheidende ist die Verlagerung der technischen Planung auf den Unternehmer. Mit der Übernahme der Planung bestimmt er selbst den Aufwand, so daß die Vergütung wieder eine erfolgsbezogene wird. Dies gilt allerdings nur mit einer wichtigen Einschränkung. Auch bei dieser Vertragsgestaltung steuert der Bauherr das Baugrundstück bei. Er behält das Risiko für diesen seinen Beitrag zur Erbringung der Bauleistung. Hinsichtlich des Baugrund- und Grundwasserrisikos bleibt die Vergütung aufwandsbezogen, es sei denn, der Unternehmer ist so leichtsinnig, dem Bauherrn diese Risiken abzunehmen. Durch Baugrundgutachten sind die Unwägbarkeiten nur einzugrenzen, nicht auszuschließen. Die Praxis zeigt, daß die Bohrungen zur Baugrunduntersuchung so eng nicht niedergebracht werden können, daß Überraschungen in den Zwischenräumen zwischen den Bohrlöchern ausgeschlossen sind.

Die Übertragung der Planung auf den Unternehmer hat den Nachteil, daß die Planungszeit, die sonst Architekt und Bauherr für sich in Anspruch nehmen, nunmehr zwangsläufig in die Zeit der Angebotsabgabe fällt. Es hat sich in der Praxis als schwer lösbar gezeigt, auf der einen Seite die Planung dem Unternehmer zu übertragen, auf der anderen Seite gleichwohl nicht zu lange auf das Angebot warten zu müssen. Auch fürchtet mancher Bauherr, den Einfluß auf die Ausgestaltung des Bauwerks im Detail zu verlieren, wenn er einen solchen Vertrag abschließt. Aus diesem Grunde entwickelt sich in jüngster Zeit eine andere Vertragsform, die sogenannte Partnerschaftslösung. Nach ihr schließen Bauherr und Unternehmer, eventuell auch mit einem Architekten als Dritten, einen Vertrag über die Errichtung eines Bauwerks, das nur durch Eckdaten wie Kostengrenze, Nutzfläche usw. definiert ist. Der Vertrag enthält die Vereinbarung laufender Abstimmung der Nutzerwünsche und bautechnischen Möglichkeiten mit den zu erwartenden Kosten, so daß unvermutete Mehrkosten durch Planungsänderungen aufgefangen werden können.³¹⁶ Dieses noch junge Vertragsgebilde bedarf der praktischen Erprobung.

Will der Bauherr bei der hergebrachten Vertragsstruktur bleiben und den Bauauftrag gemäß den Plänen seines Architekten vergeben, ist auch durch den Abschluß eines Pauschalvertrages das Risiko von Mehrkosten infolge unvermuteten Mehraufwands nicht zu beseitigen. Es sei auf die beiden Fälle Kellerabdichtung des BGH des OLG Düsseldorf verwiesen.³¹⁷ Auch die Fix-und-Fertig-Klauseln nützen dem Bauherrn nichts, wenn er gleichzeitig eine detaillierte Leistungsbeschreibung dem Vertrag zugrunde legt, wie diese Entscheidungen und das Urteil Schwimmbadheizregister des BGH³¹⁸ gezeigt haben.

In der Krisensituation, wenn der Unternehmer den Bauherrn auf der Baustelle mit Kosten für notwendige Mehraufwendungen konfrontiert, sollte der Bauherr auf keinen Fall die Mehrvergütung kategorisch ablehnen. Dadurch könnte er ein Zurückbehaltungsrecht des Unternehmers entstehen lassen und so seinen Leistungsanspruch gefährden. Er sollte aber nicht darauf verzichten, vom Unternehmer eine Schätzung der Mehrkosten zu verlangen. Dabei muß allerdings einschränkend bemerkt werden, daß es mitunter nicht möglich ist, die Kosten hinreichend präzise vorauszusehen. In solchen Fällen muß der Bauherr versuchen, das Risiko so realistisch wie möglich zu bewerten. Von dieser Bewertung muß es dann abhängen, ob der Bauherr nach kostensparenden Änderungen des Bauentwurfs suchen oder gar den Vertrag kündigen will.

Bleibt es bei der Ausführung mit dem erhöhten Aufwand, braucht der Bauherr Abschlagszahlungen auf diesen Mehraufwand so lange nicht zu leisten, wie nicht die Berechtigung der Mehrvergütungsforderung geklärt ist. Eine Sicherheitsleistung bis zur Klärung kann der Bauherr allerdings nicht verweigern. Würde er dies tun, hätte der Unternehmer ein Leistungsverweigerungsrecht.³¹⁹

---

316 Vgl. Plikat u. Weyer in Immobilienmanager 1996, S. 56.
317 Vgl. oben II, 1, c und d.
318 Vgl. II, 1, a.
319 Vgl. oben VII, 2.

2 Ratschläge an den Unternehmer

Bei der Vertragsgestaltung ist dem Unternehmer zu empfehlen, die Leistungsbeschreibung sorgfältig auf Risiken zu untersuchen. Auf keinen Fall sollte er sich zur Übernahme des Baugrundrisikos bewegen lassen. Das gleiche gilt für das Risiko von Bodenkontaminierungen. Soweit der Unternehmer Zweifel hinsichtlich der Auslegung einzelner Passagen des Leistungsverzeichnisses hat, sollte er, da er nach § 21 Abs. 1 S. 2 VOB/A an den Verdingungsunterlagen keine Änderungen vornehmen darf, in einem Begleitbrief zu dem Angebot seine Auslegung der zweifelhaften Passage mitteilen. Kommt es später zu einem Auslegungsstreit, kann ein solcher Brief hilfreich sein.

Sieht sich der Unternehmer vor unvermuteten Mehraufwand gestellt, muß er als erstes die Abweichung von den Preisermittlungsgrundlagen dokumentarisch festhalten, und zwar sowohl die Abweichung der Arbeitsbedingungen wie auch die Auswirkungen auf den Aufwand. Grund und Höhe des Mehrvergütungsanspruchs lassen sich ohne eine solche sofortige Dokumentation später kaum schlüssig darlegen. Als Beleg für die weiter notwendige sofortige Einbeziehung des Bauherrn bieten sich die Protokolle der turnusmäßigen Baubesprechungen an. Sieht der Unternehmer in ihnen seine Anliegen nicht befriedigend niedergelegt, sollte er sofort eine Protokollergänzung schreiben und dem Bauherrn und seinen Vertretern zuleiten. Wichtig ist, daß später belegt werden kann, daß dem Bauherrn Gelegenheit gegeben worden ist, auf den technischen Inhalt der geänderten Maßnahmen Einfluß zu nehmen. Ein praktisches Problem ist, daß der Unternehmer oft erst mit Verspätung bemerkt, daß sein Aufwand von der Leistungsbeschreibung abweicht. Dem kann der Unternehmer nur dadurch entgegenwirken, daß er einen Bauleiter einsetzt, der die Preisermittlungsgrundlagen im Kopf hat.

Bestreitet der Bauherr die Abweichung von der Leistungsbeschreibung, sollte der Unternehmer so schnell wie möglich beweissichernde Maßnahmen ergreifen. Die Schnelligkeit eines gerichtlichen selbständigen Beweisverfahrens ist von der Kooperationswilligkeit des zuständigen Richters abhängig. Wenn durch ein solches Verfahren zuviel Zeit verloren zu gehen droht, sollte der Unternehmer lieber ein schnelles Privatgutachten veranlassen oder sonstige Beweissicherungen einleiten, bevor er durch Zeitverlust ohne jeden Beweis dasteht. Das gilt besonders für die Boden- und Grundwasserverhältnisse, deren Zustand zum kritischen Zeitpunkt sich nicht mehr feststellen läßt, wenn die Arbeiten weitergegangen sind.

Wenn der Besteller nicht bereit ist, den Mehrvergütungsanspruch im Vorwege anzuerkennen, muß der Unternehmer gleichwohl die zusätzlichen

Maßnahmen ergreifen. Er darf sie nicht von Abschlagszahlungen auf den Mehraufwand abhängig machen, muß insoweit also voll vorleisten, kann aber Sicherheitsleistung in angemessener Höhe verlangen. Sollte ihm diese verweigert werden, kann er seinerseits die Arbeit einstellen. Wegen der Unsicherheit, welche Höhe im Einzelfall „angemessen" ist, sollte der Unternehmer die Höhe der Sicherheit maßvoll beziffern. Fordert er eine zu hohe Sicherheitsleistung, könnte er sein Zurückbehaltungsrecht gefährden.

IX Zusammenfassung

Tragende Säule unseres Wirtschaftslebens ist die Verläßlichkeit vertraglicher Vereinbarungen. Die Art und Weise der zu erbringenden Leistung einerseits und die Höhe der zu zahlenden Vergütung andererseits sollen so, wie sie ausgehandelt sind, endgültig sein, es sei denn, es ist ein Änderungsvorbehalt ausdrücklich in die Vereinbarung aufgenommen.

Ein Blick in die Rechtsprechung zeigt, daß beim Bauen dieser Grundsatz auf fünf verschiedene Arten durchbrochen zu werden scheint. Es kann notwendig werden, die in der Leistungsbeschreibung aufgelisteten Leistungsteile durch zusätzliche Teile zu ergänzen, wenn die Tauglichkeit des Gesamtwerkes erreicht werden soll. Es kann sich ergeben, daß der Umfang einzelner Leistungsteile im Vergleich zu der Angabe in der Leistungsbeschreibung erheblich erweitert werden muß, soll das Bauwerk nicht unvollkommen bleiben. Auch wenn keine zusätzlichen Teile oder Volumenerweiterungen notwendig werden, so kann sich eine von der Leistungsbeschreibung abweichende Ausführungsweise als unumgänglich erweisen. Schließlich kann es passieren, daß sich trotz Einhaltung der in der Leistungsbeschreibung vorgesehenen Ausführungsweise die Ausführungszeit im Vergleich zu den Erwartungen der Leistungsbeschreibung verlängert. Zu guter Letzt kommt es vor, daß sich aus der Leistungsbeschreibung ablesbare Erleichterungserwartungen nicht erfüllen.

In allen Fällen kommt es zum Streit über den Anspruch auf zusätzliche Vergütung, den der Unternehmer unter Berufung auf die Abweichung von der Leistungsbeschreibung zur Deckung seiner Mehrkosten geltend macht. In der Rechtsprechung und der sie begleitenden Literatur ist die rechtliche Einordnung dieses Anspruchs unterschiedlich. Die Mehrkosten werden behandelt als

— Vergütung für eine im Vertrag nicht vorgesehene, zusätzliche Leistung gemäß § 2 Nr. 6 VOB/B,
— Vergütungsanpassung an eine Änderung der Leistung gemäß § 2 Nr. 5 VOB/B,
— als Schaden aus Verschulden bei der Vertragsanbahnung (culpa in contrahendo) unter gleichzeitiger Verneinung eines Anspruchs auf geänderte oder zusätzliche Vergütung oder
— als Schaden aus einer Behinderung der Ausführung.

Die Heranziehung unterschiedlicher Rechtsgrundlagen setzt unterschiedliche Tatbestände voraus. In den wesentlichen Tatbestandsmerkmalen gleichen sich die fünf Arten der Mehrkosten aber.

Zusammenfassung

Allen fünf Varianten ist gemeinsam, daß zur Erreichung des gegenüber dem Vertrage nicht geänderten Leistungserfolges eine Abweichung von der dem Vertrage zugrundegelegten Leistungsbeschreibungen notwendig wird. Die Folge sind beim Unternehmer nicht kalkulierte Mehrkosten. Die in der Leistungsbeschreibung enthaltene Auflistung der für das Gesamtwerk notwendigen Einzelteile hat sich als unzureichend erwiesen, oder die Art und Weise der Ausführung hat sich als nicht realisierbar gezeigt. Die Mehrkosten sind unvermeidlich, da ohne sie das Werk nicht in tauglicher Weise zu vollenden ist.

Den Mehrkosten steht auf der Seite des Bauherrn aber kein erhöhter Nutzeffekt des herzustellenden Werkes gegenüber. Aus seiner Sicht erhält er keine andere Leistung als von Anfang an vereinbart.

Das zweite den fünf Varianten gemeinsame Tatbestandsmerkmal ist, daß die Frage, ob die notwendig werdende Art und Weise der Ausführung von der Leistungsbeschreibung abweicht, meist kurzfristig nicht zu beantworten ist. Der Streit der Vertragspartner, ob notwendige zusätzliche Teile oder ihre Vergrößerung in der vereinbarten Leistung enthalten sind, ist oft nur durch eine längerdauernde Auseinandersetzung über die Auslegung des Vertrages zu klären. Ob die Boden- oder Grundwasserverhältnisse oder sonstige Hinweise zum Verfahren sich als mit der Realität nicht vereinbar erweisen, ist ohne gutachterliche Hilfe nicht zu klären. Der Gutachter muß den technischen Inhalt der Leistungsbeschreibung durch Auslegung ermitteln und den festgestellten Inhalt mit den tatsächlichen Verhältnissen vergleichen. Auslegung oder Begutachtung nehmen Zeit in Anspruch. Da so lange der Bau nicht ruhen kann, muß trotz mangelnder Klärung der Vergütungsfrage weitergearbeitet werden.

Die werkvertragliche Leistung ist der Leistungserfolg. § 631 Abs. 1 BGB spricht von der Herstellung des versprochenen Werkes, § 1 Nr. 1 VOB/A von den Arbeiten, durch die eine bauliche Anlage hergestellt wird. Das Ergebnis ist die Leistung, nicht das Bemühen des Unternehmers. Auf dieser Erfolgsbezogenheit der werkvertraglichen Leistung bauen die Abnahme- und Gewährleistungsregelungen sowohl des BGB wie der VOB auf. Betrachtet man allerdings die Beschreibung der Leistung, die der Bauherr dem Unternehmer als Aufforderung zur Angebotsabgabe vorlegt, zeigt sich, daß sie sich nicht auf das herzustellende fertige Werk beschränkt, sondern zusätzlich Hinweise zur Art und Weise der Ausführung enthält, sei es die Aufzählung der für das Gesamtwerk notwendigen Leistungsteile, seien es die Boden- oder Grundwasserverhältnisse oder sonstige Hinweise zu den Bedingungen der Ausführung. Der Grund dieser zusätzlichen Angaben zum Aufwand liegt in der dem Vertragsschluß vorausgegangenen Planung. Sie umfaßt nach den Leistungsbildern der HOAI neben der Beschreibung des

Zusammenfassung

Bauwerks seine technische Durchführbarkeit und die zu erwartenden Kosten. Da letztere vom Aufwand abhängen, muß der zu erwartende Aufwand in die Planung einbezogen werden. Die dem Bauen eigene Trennung von Planung und Ausführung führt auf diesem Wege dazu, daß die Leistungsbeschreibung die zusätzliche Funktion einer Preisermittlungsgrundlage erhält. In § 9 VOB/A ist dies ausführlich dargestellt.

Soweit die Leistungsbeschreibung neben der Bezeichnung des fertigen Werkes Angaben zur Art und Weise der Ausführung enthält, gilt die Vergütungsvereinbarung für diesen Inhalt der Leistungsbeschreibung, also für die Herstellung des Werkes in der angegebenen Ausführungsweise. Die Abgrenzung der Besonderen Leistungen von den Nebenleistungen in den Abschnitten 4 der VOB/C bestätigt dies. Die Angaben zur Art und Weise der Ausführung sollen nach dem Grundgedanken des § 9 VOB/A dem Unternehmer die Grundlage geben für die an dem zu erwartenden Aufwand zu kalkulierenden Preise. Die vereinbarte Vergütung bezieht sich damit auf die Herstellung des Werkes mit dem vertraglich zugrundegelegten Aufwand. Die Vergütungsvereinbarung ist damit aufwandsbezogen.

Auf der anderen Seite bleibt die werkvertragliche Leistungspflicht die Herstellung des vollständigen und tauglichen Bauwerks, also der Erfolg. Bauvorhaben werden über eine längere Zeit vorbereitet. Vor der Grundsteinlegung muß die spätere Nutzung geklärt, die Finanzierung beschafft, die bauaufsichtliche Genehmigung eingeholt werden und ist vielleicht schon ein langfristiger Mietvertrag abgeschlossen. Wenn die notwendige Abweichung von der Leistungsbeschreibung erkennbar wird, ist außerdem das Bauvorhaben in der Regel schon mehr oder weniger weit fortgeschritten. Da der Bauherr beträchtliche Mittel aufgewendet hat, die im Falle einer Aufgabe des Bauvorhabens verloren wären, und er sich außerdem aus dem Geflecht der Finanzierungs- und Nutzungsverträge nicht ohne weiteres wird lösen können, bleibt ihm keine andere Wahl, als trotz der drohenden Mehrkosten an der Durchführung des Bauvorhabens festzuhalten. Die Schwierigkeit, die Mehrkosten nachträglich zu finanzieren, kann, wie die Erfahrung zeigt, nur zu einer Planungsänderung führen, mit deren Hilfe an anderer Stelle die Mehrkosten wieder eingespart werden.

Der Aufwand und die Leistung müssen unterschieden werden. Eine Änderung des vertraglich vorgesehenen Aufwands führt zu einer Änderung der Preisermittlungsgrundlagen und damit zu einer Änderung der Vergütung. Die Leistungspflicht bleibt von der Aufwandsänderung unberührt. Sie besteht unverändert in der Herbeiführung des Leistungserfolges.

Die Vergütung des über die Leistungsbeschreibung hinausgehenden Mehraufwandes wird für VOB-Verträge in einer Reihe von Gerichtsurteilen auf

§ 2 Nr. 6 VOB/B gestützt. In entsprechender Weise sind sich auch die Kommentatoren der VOB/C darin einig, die Besonderen Leistungen unter diese Vorschrift einzuordnen. § 2 Nr. 6 VOB/B spricht aber von nicht vorgesehener Leistung, nicht von einem nicht vorgesehenen Aufwand. Die Leistung, zu deren Herstellung der nicht vorgesehene Aufwand dienen soll, ist aber gerade die vertraglich vorgesehene. Das herzustellende Werk würde ohne den Mehraufwand nicht zu vollenden sein.

Es ist auch nicht möglich, die Bestimmung des § 2 Nr. 6 VOB/B in der Weise zu lesen, daß sie für im Vertrage nicht vorgesehenen Aufwand gelten soll. Es fehlt bei dem hier behandelten notwendigen Mehraufwand an der Wahlfreiheit des Bauherrn, sich für oder gegen den Mehraufwand zu entscheiden. Die im § 2 Nr. 6 VOB/B vorausgesetzte Anforderung seitens des Bauherrn sowie die Pflicht des Unternehmers, den Vergütungsanspruch vorher anzukündigen, setzen aber diese Wahlfreiheit voraus.

Mit der Nichtanwendbarkeit entfällt zugleich der von etlichen Autoren als Härte empfundene Verlust des Anspruchs auf zusätzliche Vergütung ungeachtet der sachlichen Berechtigung allein aus dem Grunde der versäumten Ankündigung.

Eine Reihe von anderen Urteilen behandelt den Mehraufwand als geänderte Leistung, für die nach § 2 Nr. 5 VOB/B ein neuer Preis unter Berücksichtigung der Mehr- oder Minderkosten zu vereinbaren sei. § 2 Nr. 5 VOB/B spricht von Anordnungen, durch die „die Grundlagen des Preises für eine im Vertrag vorgesehene Leistung geändert" werden. Damit greift die Vorschrift die Formulierung des § 9 VOB/A auf. Sie macht damit die Änderung der Preisermittlungsgrundlagen, also des vertraglich gekennzeichneten Aufwands, zum Gegenstand ihrer Regelung. Im Gegensatz zum § 2 Nr. 6 VOB/B trägt die Vorschrift des § 2 Nr. 5 VOB/B auch der Tatsache Rechnung, daß nicht nur Mehrkosten, sondern auch Minderkosten eine Folge der Abweichung von der Leistungsbeschreibung sein können.

Die Anordnung braucht nur eine technische zu sein. Ein rechtsgeschäftlicher Wille, eine zusätzliche Vergütungsverpflichtung einzugehen, ist entbehrlich. Damit wird den Vertragsparteien eine vertragliche Festlegung zu einem Zeitpunkt erspart, zu dem sie die Frage der Abweichung von der Leistungsbeschreibung noch nicht haben klären können. Allerdings kann die Unsicherheit über die rechtliche Vergütungsfolge der technischen Anordnung über mehrere Gerichtsinstanzen anhalten, wie etliche Urteile zeigen.

Nicht immer hat der Unternehmer die Gelegenheit, die Abweichung von der Leistungsbeschreibung mit seinem Auftraggeber abzustimmen und sich auf diesem Wege anordnen zu lassen. Die Behandlung des nicht angeordneten

Zusammenfassung

Mehraufwandes ist in der VOB/B nicht geregelt und daher im Wege ergänzender Vertragsauslegung zu klären. Da die nicht angeordnete Abweichung von den Preisermittlungsgrundlagen, abgesehen von dieser fehlenden Anordnung, der angeordneten Abweichung entspricht, ergibt die Auslegung die entsprechende Anwendung des § 2 Nr. 5 VOB/B mit einer das Fehlen der Anordnung berücksichtigenden Modifikation. Sie besteht darin, daß die mit der fehlenden Anordnung nicht erfolgte Warnung vor möglichen Mehrkosten durch die unverzügliche Ankündigung einer Vergütungsänderung zu ersetzen ist. Diese Ankündigung wäre anders als bei § 2 Nr. 6 VOB/B nicht Anspruchsvoraussetzung, sondern vertragliche Nebenpflicht. Ihre Verletzung hätte ähnlich wie bei der Regelung des § 665 BGB (Abweichung von Weisungen des Auftraggebers) den Ersatz der durch die Säumnis verursachten Kosten zur Folge, würde aber nicht zum Anspruchsverlust führen.

Da der Unternehmer somit auf der Rechtsgrundlage des ursprünglichen Vertrages einen Anspruch auf Vergütung des von der Leistungsbeschreibung abweichenden Mehraufwandes hat, entsteht ihm kein Schaden. Damit entfällt die Einordnung der Mehrkosten als Schaden aus Verschulden bei der Vertragsanbahnung (culpa in contrahendo) oder als Behinderungsschaden.

Für Bauverträge, denen die VOB nicht zugrunde liegt, wären die Mehraufwendungen Leistungsteile, für die es gemäß § 632 Abs. 1 BGB an einer Vergütungsvereinbarung fehlt. Die Vorschrift spricht zwar von Leistungen, es ist aber kein Grund ersichtlich, sie nicht entsprechend auf Leistungsteile anzuwenden. Mangels Vergütungsvereinbarung gilt die übliche Vergütung. Der Mehraufwand wäre demnach in üblicher Weise zusätzlich zu vergüten. Nach dem Grundsatz von Treu und Glauben gilt die Pflicht zur Ankündigung, damit der Bauherr Gelegenheit hat, sich auf die Änderung der Vergütung einzustellen.

Zwingen die drohenden Mehrkosten den Bauherrn, das Bauvorhaben aufzugeben, bleibt ihm das Recht der Kündigung. Da der Grund der Kündigung in den von ihm vorgegebenen Preisermittlungsgrundlagen liegt, steht dem Unternehmer die Vergütung abzüglich ersparter Aufwendungen zu, bemessen an der Vergütung für den ursprünglich geplanten Aufwand.

Da der Unternehmer einerseits im Interesse des Leistungserfolges die zusätzlichen Maßnahmen ergreifen muß, andererseits die Klärung seines Mehrvergütungsanspruches aber auf sich warten lassen kann, entsteht das Problem des Vorleistungsrisikos. Abschlagszahlungen kann er nicht beanspruchen, weil er die Anspruchsvoraussetzungen noch nicht hat beweisen können. Auf der anderen Seite erscheint es unbillig, bei möglichen erheblichen Abweichungen von der Leistungsbeschreibung den Unternehmer zur uneingeschränkten Vorleistung zu verpflichten. Der Interessenwiderstreit muß durch einen Kompromiß gelöst werden, der darin besteht, daß der Unternehmer sich mit angemessener Sicherheitsleistung für seinen behaupteten Mehrvergütungsanspruch zufrieden geben muß, der Bauherr andererseits in Kauf nehmen muß, daß er die für diese Sicherheit erforderlichen Vermögenswerte und Kosten möglicherweise umsonst eingesetzt hat.

Das Ergebnis ist, daß der Unternehmer einen bereits im ursprünglichen Vertrag verankerten Anspruch auf Anpassung der Vergütung an einen etwa notwendigen Mehraufwand hat, soweit dieser Aufwand von den Ausführungsangaben der Leistungsbeschreibung abweicht. Der Anspruch ist nicht von einer vorherigen Änderungsvereinbarung oder Einverständniserklärung des Auftraggebers abhängig. Dieser behält seinen Einfluß auf die Entwicklung der Kosten durch die mit ihm vorzunehmende technische Abstimmung der zu ergreifenden Maßnahmen.

Baurechtliche Schriften

Herausgegeben von Prof. Hermann Korbion und Rechtsanwalt Prof. Dr. Horst Locher

In der Reihe „Baurechtliche Schriften" werden Einzelfragen und Einzelbereiche aus dem weiten Gebiet des privaten Baurechts untersucht, jeweils für sich abgeschlossen behandelt und der interessierten Öffentlichkeit zugänglich gemacht. Die Herausgeber betreuen diese Schriftenreihe in dem Bestreben und mit dem Ziel, für die Praxis beachtenswerte, wissenschaftlich fundierte Beiträge zur Verfügung zu stellen.

Band 3
Rechtliche Probleme des Schallschutzes
Rechtsfragen mit technischer Einführung
Von Rechtsanwältin Susanne Weiß.
2. Auflage 1993. 184 Seiten. 14,8 x 21 cm.
Kartoniert DM 78,-/öS 569,-/sFr 78,-
Bestell-Nr. 24049

Band 5
Rechtsfragen zum Baugrund
mit Einführung in die Baugrundtechnologien
Von Rechtsanwalt Dr. Klaus Englert und Regierungsbaumeister Dr. Karlheinz Bauer.
2., neubearb. Auflage 1991. 176 Seiten.
14,8 x 21 cm. Kartoniert DM 76,-/öS 555,-/sFr 76,-
Bestell-Nr. 21428

Band 6
Kostenvorschuß zur Mängelbeseitigung
Eine Rechtsfortbildung im Werkvertragsrecht
Von Rechtsanwältin Dr. Sabine Ehrhardt-Renken.
1986. 152 Seiten. 14,8 x 21 cm.
Kartoniert DM 68,-/öS 496,-/sFr 68,-
Bestell-Nr. 21417

Band 8
Inhaltskontrolle von Architektenformularverträgen
Von Rechtsanwalt Dr. Rainer Knychalla.
1987. 224 Seiten. 14,8 x 21 cm.
Kartoniert DM 78,-/öS 569,-/sFr 78,-
Bestell-Nr. 22412

Band 10
Der Baucontrollingvertrag
Bauplanung und Baumanagement nach HOAI und BGB
Von Dr. Martin Heinrich.
2., neubearb. Auflage 1997.
Etwa 224 Seiten. 14,8 x 21 cm.
Kartoniert etwa DM 68,-/öS 496,-/sFr 68,-
Bestell-Nr. 22011

Band 11
Der Erfüllungsanspruch und seine Konkretisierung im Werkvertrag
Von Dietrich Blaese.
1988. 128 Seiten. 14,8 x 21 cm.
Kartoniert DM 72,-/öS 526,-/sFr 72,-
Bestell-Nr. 21232

Band 12
Die RBBau
Erläuterungen der Richtlinien und Muster zur Vertragsgestaltung mit freiberuflich Tätigen am Beispiel des Vertragsmusters Technische Ausrüstung
Von Wolf Osenbrück.
3., neubearb. u. erw. Auflage 1997. 224 Seiten.
14,8 x 21 cm.
Kartoniert etwa DM 90,-/öS 657,-/sFr 90,-
Bestell-Nr. 22827

Band 13
Der Fertighausvertrag
Von Rechtsanwalt Dr. Wolfgang Donus.
1988. 248 Seiten. 14,8 x 21 cm.
Kartoniert DM 82,-/öS 599,-/sFr 82,-
Bestell-Nr. 21343

Band 14
Die Vertragsstrafe im Baurecht
Von Rechtsanwalt Dr. Jürgen Knacke.
2., neubearb. Auflage 1997. Etwa 96 Seiten.
14,8 x 21 cm.
Kartoniert DM 76,-/öS 555,-/sFr 76,-
Bestell-Nr. 24587

Band 16
Die Bauwerksicherungshypothek
Von Dr. iur. Peter Siegburg.
2., neubearb. Auflage. In Vorbereitung.

Band 17
Die Sicherung der Bauforderungen in Recht und Praxis
mit Hinweisen auf das schweizerische und französische Recht
Von Dr. Harald Mergel.
1989. 312 Seiten. 14,8 x 21 cm.
Kartoniert DM 120,-/öS 876,-/sFr 120,-
Bestell-Nr. 22599

Band 18
Produkthaftung bei Baustoffen und Bauteilen
unter Einbeziehung der Rechtsverhältnisse des Baustoffhandels
Von Rechtsanwalt Bernhard Klein.
2. Auflage 1990. 96 Seiten. 14,8 x 21 cm.
Kartoniert DM 68,-/öS 496,-/sFr 68,-
Bestell-Nr. 22448

Band 19
Die Rechnung im Werkvertragsrecht
Von Dr. Ulrich Locher.
1990. 132 Seiten. 14,8 x 21 cm.
Kartoniert DM 68,-/öS 496,-/sFr 68,-
Bestell-Nr. 22575

Band 20
Die „Sowieso-Kosten"
Eine Fallgruppe der allgemeinen Werkvertragsrechts?
Von Dr. Andreas Früh.
1991. 160 Seiten. 14,8 x 21 cm.
Kartoniert DM 72,-/öS 526,-/sFr 72,-
Bestell-Nr. 21576

Band 21
Das gestufte Baugenehmigungsverfahren
Vorbescheid und Teilgenehmigung im Baurecht
Von Dr. Uwe Meiendresch.
1991. 308 Seiten. 14,8 x 21 cm.
Kartoniert DM 116,-/öS 847,-/sFr 116,-
Bestell-Nr. 22739

Band 23
Instandhaltung und Änderung baulicher Anlagen
Von Dr. Manfred Cuypers.
1993. 188 Seiten. 14,8 x 21 cm.
Kartoniert DM 78,-/öS 569,-/sFr 78,-
Bestell-Nr. 21362

Band 24
Verjährung im Baurecht
Von Dr. Peter Siegburg.
1993. 352 Seiten. 14,8 x 21 cm.
Kartoniert DM 128,-/öS 934,-/sFr 128,-
Bestell-Nr. 23170

Band 25
Das Skonto im Endverbrauchergeschäft
Unter besonderer Berücksichtigung baurechtlicher Probleme
Von Dr. Karl-Heinz Inhuber.
1993. 208 Seiten. 14,8 x 21 cm.
Kartoniert DM 78,-/öS 569,-/sFr 78,-
Bestell-Nr. 22121

Band 26
Rechtsfragen des Baustoffhandels
Von Dr. Axel Wirth.
1994. 376 Seiten. 14,8 x 21 cm.
Kartoniert DM 148,-/öS 1080,-/sFr 148,-
Bestell-Nr. 24043

Band 27
Die öffentlich-rechtliche Baulast und das nachbarrechtliche Grundverhältnis
Von Dr. Christian Döring.
1994. 172 Seiten. 14,8 x 21 cm.
Kartoniert DM 78,-/öS 569,-/sFr 78,-
Bestell-Nr. 21368

Band 28
Die Haftung des Architekten bei Bausummenüberschreitung
Von Dr. Jürgen Lauer.
1993. 128 Seiten. 14,8 x 21 cm.
Kartoniert DM 78,-/öS 569,-/sFr 78,-
Bestell-Nr. 24087

Band 29
Die Haftung des Architekten für höhere Baukosten sowie für fehlerhafte und unterlassene Kostenermittlung
Von Jürgen Miegel.
1995. 160 Seiten. 14,8 x 21 cm.
Kartoniert DM 88,-/öS 642,-/sFr 88,-
Bestell-Nr. 24384

Band 30
Chancen und Probleme des Schiedsgerichtsverfahrens in Bausachen
Von Rechtsanwalt Dr. jur. Dieter Mandelkow.
1995. 232 Seiten. 14,8 x 21 cm.
Kartoniert DM 90,-/öS 657,-/sFr 90,-
Bestell-Nr. 24386

Band 31
Das UNCITRAL-Modellgesetz über die Beschaffung von Gütern, Bau- und Dienstleistungen
Von Dr. Jens Adolphsen.
1996. 384 Seiten. 14,8 x 21 cm.
Kartoniert DM 156,-/öS 1139,-/sFr 156,-
Bestell-Nr. 21052

Band 32
Dreißigjährige Haftung des Bauunternehmers aufgrund Organisationsverschuldens
Von Dr. iur. Peter Siegburg.
1995. 72 Seiten. 14,8 x 21 cm.
Kartoniert DM 40,-/öS 292,-/sFr 40,-
Bestell-Nr. 23175

Band 33
Der unvermutete Mehraufwand für die Herstellung des Bauwerks
Leistungspflicht und Vergütung bei unterbliebener Vertragsanpassung
Von Rechtsanwalt Dieter Putzier.
1997. 164 Seiten. 14,8 x 21 cm.
Kartoniert DM 92,-/öS 672,-/sFr 92,-
Bestell-Nr. 22964

Band 34
Baugrundhaftung und Baugrundrisiko
Die Verantwortlichkeit von Bauherr, Architekt, Bauunternehmer und Sonderfachmann beim Einheitspreisvertrag nach VOB/B
Von Rechtsanwalt Dr. Ingo Lange.
1997. 200 Seiten 14,8 x 21 cm.
Kartoniert DM 92,-/öS 672,-/sFr 92,-
Bestell-Nr. 24109

Band 35
Die Bedeutung der Baugenehmigung für den Bauvertrag
Von Rechtsanwalt Dr. jur. Cornelius Pöhner.
1997. 172 Seiten 14,8 x 21 cm.
Kartoniert ca. DM 90,-/öS 657,-/sFr 90,-
Bestell-Nr. 22969

Band 36
Verstoß gegen die anerkannten Regeln der Technik
Ein eigenständiger Gewährleistungstatbestand im Bauprozeß
Von Rechtsanwalt Dipl.-Ing. Dr. jur. Friedrich Stammbach.
1997. Ca. 200 Seiten 14,8 x 21 cm.
Kartoniert DM 98,-/öS 715,-/sFr 98,-
Bestell-Nr. 23179

Werner Verlag

Postfach 10 53 54 · 40044 Düsseldorf